青岛市"益民书屋"
适用图书系列读本之十九

简明海洋科普
知识读本

青岛市"益民书屋"适用图书系列读本编委会 编

中国海洋大学出版社
CHINA OCEAN UNIVERSITY PRESS

青岛出版社
QINGDAO
PUBLISHING HOUSE

图书在版编目（CIP）数据

简明海洋科普知识读本／殷庆威，杨立敏主编 . —青岛：
中国海洋大学出版社，2012. 11（2019.4重印）

ISBN 978-7-5670-0165-7

Ⅰ . ①简… Ⅱ . ①殷… ②杨… Ⅲ . ①海洋学—普及读物
Ⅳ . ① P7-49

中国版本图书馆 CIP 数据核字（2012）第 282560 号

出版发行	中国海洋大学出版社
社　　址	青岛市香港东路 23 号　　　　　　邮政编码 266071
出 版 人	杨立敏
网　　址	http://www.ouc-press.com
电子信箱	dengzhike@sohu.com
订购电话	0532－82032573（传真）
责任编辑	邓志科　　　　　　　　　　　　电　　话 0532－85901040
印　　制	三河市腾飞印务有限公司
版　　次	2012 年 11 月第 1 版
印　　次	2019 年 4 月 第 3 次印刷
成品尺寸	170 mm × 240 mm
印　　张	11.75
字　　数	300 千字
定　　价	32. 00 元

丛书编委会

主　　任　胡绍军

副 主 任　栾　新　　王纪刚　　孟鸣飞

编　　委　殷庆威　　杜云烟　　杨立敏

　　　　　高继民

执行编委　陈林祥　　许红炜　　沈继红

　　　　　孙朝旭　　刘海波　　王　伟（市文广新局）

　　　　　姜　楠　　单保童

本书主编　殷庆威　　杨立敏

前　言

　　海洋,广阔浩瀚,深邃神秘。她是生命的摇篮,铭记着生命久远的过往;她是风雨的故乡,影响着全球的气候变化;她是资源的宝库,孕育着经济的繁荣。在新的千年里,"开发海洋、利用海洋、保护海洋"的声音响彻全球。中国吹响了走向海洋的号角,将海洋开发与利用提到了国家战略的层面,设立了半岛蓝色经济区。青岛,作为蓝色经济区的核心城市,将在未来的海洋开发进程中担负着日益重要的责任。

　　在唱响蓝色经济的今天,为了引导读者更好地认识和了解海洋、增强利用和保护海洋的意识,以海洋类图书为出版特色的中国海洋大学出版社,依托中国海洋大学的学科和人才优势,于2011年倾力打造并推出了一套"畅游海洋科普丛书"。丛书共10个分册,以海洋学科最新研究成果及翔实的资料为基础,从不同视角,多侧面、多层次、全方位地介绍了海洋各领域的基础知识,向读者朋友们呈现了一幅宏阔的海洋画卷。丛书出版后,引起了社会各界的强烈反响,得到了广大读者朋友们的喜爱和好评。

　　为了让广大的农民朋友们能够便捷地一览丛书的精彩,更好地了解丛书所包含的丰富内容,加大海洋科学知识普及的范围和群体,让更多的人认识海洋、了解海洋、热爱海洋,我们精心挑选了丛书中的精彩内容,汇编成本书,以期做到"一卷在手,遍览丛书精华"。全书共分八个篇章,依次为海洋现象篇、海洋资源篇、海洋生物篇、奇异海岛篇、船舶胜览篇、探秘海底篇、壮美极地篇和魅力青岛篇。海洋现象篇,从浩渺的太空开始,以宏大的视野开启全篇,对地球上的海与洋、海峡海湾进行了描绘;通过对海洋现象与海洋灾害的介绍,让你从时空变幻中与海洋来一次亲密接触。海洋资源篇,从人类与海洋的视角,发掘了与人类生存发展紧密相关的海洋生物资源、海洋矿物资源、海洋动力能源以及海洋交通运输等曾经及未来带给人类的福祉。海洋生物篇,对海洋中的生命来了一次大范围扫描,就像真正来到海洋世界看遍鱼虾蟹贝、鲸与海豚一样,在这里人们可以领略一次生命的灵动与丰富。奇异海岛篇,引你走入海洋中的各色海岛,或风光无限,或富饶美好,或奇趣欢喜,或神秘莫测。船舶胜览篇,让你领略到种类繁多的海上航船,或雄伟壮观,或小巧便捷,或美丽奢华,翻遍该篇仿如在博物馆中一饱全球主要船舶的风采。探秘海底篇里,展现了平静的海面下掩盖的山峦起伏、沟壑间的沧桑变幻、在深深的海底生活自如的极限生命,以及人类探索海洋留下的足迹和构建的空间。壮美极地篇,引你走入极度寒冷的冻地,一览极地的雄壮和生命的精彩,那里有幻美的极光、憨厚的企鹅,还有人类探索极地留下的印迹。魅力青岛篇,看过栈桥,走上木栈道,在八大关里博览万国建筑,在会前村寻迹青岛久远的故事,在山海间漫游,感受青岛壮丽的山、美丽的海,了解青岛的海洋研究成就,感受海洋科技城的无穷魅力。

当然,在汇篇过程中,由于时间仓促,加上篇幅所限,难免会有遗珠之憾。但我们衷心希望《简明海洋科普知识读本》能成为一道连接读者与海洋的知识桥梁,使读者通过本书能快捷地了解浓浓的海洋知识、深深地体会海洋的奥妙;也衷心希望本书能成为读者朋友走入壮丽而精彩的海洋世界的一把钥匙、一个导航,抑或一个索引。

我们真诚地希望广大农民朋友,通过阅读本书,能进一步增强海洋意识,了解海洋,认识海洋,热爱海洋,让海洋知识在更大的范围得到普及。

青岛市"益民书屋"适用图书系列读本编委会

2012 年 8 月

目　录

第一部分　海洋现象篇

一、地球家园

天容海色，吞吐日月。地球承载山川河岳、海洋和生命，千顷波涛奔腾不息，磅礴万物世代繁衍。借宇宙之眸，深情凝望，地球在幽暗的苍穹里显现，她是我们博大瑰丽的家园。这片阳光普照的地方，有生命的根。

1. 从太空看地球

很久以前，人类只看到头顶一片天、足下一方地，直到麦哲伦的船队在地球上绘出一道优美的弧线，人类方恍然：地球原来是圆不是方；直到人造地球卫星升上那牵引着无数梦想的太空，人类才识得地球的庐山真面目。宇宙中的地球拥有饱满而深邃的蓝，黄绿陆地块缀其间，飘逸白云添几抹诗意。就是这个美丽神奇的星球，创造了生命的奇迹，这个奇迹与海洋深深结缘。

2. 蓝色星球

借宇宙之眸凝望地球，我们会发现海洋才是这颗星球的主宰。地球表面积为 5.1 亿平方千米，陆地面积为 1.49 亿平方千米，海洋面积则有 3.61 亿平方千米，占据地球表面积的 70.8%。

我们熟悉的太平洋、大西

从太空看到的地球

地球上的海陆分布

洋、印度洋、北冰洋便是"蓝色军团"的统领。关于海洋的划分，除了四大洋的说法外，还有一种说法是将海洋划分为五大洋，即在四大洋之外，再加一个南大洋——围绕南极洲的海洋，即太平洋、大西洋和印度洋南部的海域。

除北纬 45°～70°的区域以及南纬 70°以南的南极地区外，几乎每一纬度上的海洋面积都大于陆地面积，南纬 56°～65°的区域，几乎没有陆地。

纬度不同，海陆分布的特点也就不一样。你看，南极是陆，北极是洋；北半球高纬度区域是大陆集中的地方，而南半球的高纬度区域却是三大洋连成一片；亚欧大陆东部边缘环列着一连串花彩列岛，形成向东突出的岛弧，其外侧则是一系列深邃的海沟；大西洋两岸的轮廓互相对应，这一大陆的凸出部分几乎能与另一大陆的凹进部分嵌合。

大洋风光

大洋之上，长风万里，朝阳喷彩，千里熔金。海洋奔腾不息，才有生命之子的衍变；海洋浩瀚广阔，才有人类繁荣的今天。

二、海洋风貌

彼岸寻不见，沧海无边。吮吸大海湿润的气息，这片生命勃发的乐园，时而温婉妍丽，时而咆哮喧腾。我们看不清她的面貌，把握不住她的脉搏,她让我们依恋却难以真正了解。

海洋风光

1. 海与洋

一般将海和洋连称为海洋。其实,海与洋彼此连通,但又有所区分。海洋的中心主体部分是洋,边缘附属部分即为海。洋的面积几乎占海洋总面积的 90%,剩下的才是海的领地。

大洋彼此相通,温柔地怀抱着 54 个海。其中,太平洋拥纳着 19 个海,最大的海域珊瑚海便置身其中;大西洋领走了 16 个海,波罗的海的海水是最淡的;印度洋拥抱了 10 片海域,最咸的红海足以将印度洋的盐度拉高;剩下的 9 片海归属于北冰洋。海与洋相融相通,团蓝簇锦荡漾,为地球增添姿色。

中国濒临的海域有四个,即渤海、黄海、东海与南海。

2. 太平洋

亚洲、大洋洲、南极洲和美洲之间镶嵌着地球上最大的一块"碧玉"——太平洋。它的面积居四大洋之首,东西最宽处为 19 000 多千米,南北最长处为 16 000 多千米,面积约为 1.8 亿平方千米,占地球表面积的 35%,比世界陆地面积的总和还要大。

太平洋

全球约 85% 的活火山和约 80% 的地震集中在太平洋地区。太平洋东岸的美洲科迪勒拉山系和太平洋西缘的花彩状群岛是世界上火山活动最剧烈的地带,活火山达370多座,有"太平洋火圈"之称;这一区域地震频繁,亦有"环太平洋地震带"之称。

"咆哮的西风带",是指在南半球副热带高压南侧,在南纬40°～60°附近环绕地球的低压区,终年盛行6～7级的西向风;气旋活动频繁,平均2～3天就有一个气旋经过,强气旋带来惊涛骇浪,导致4～5米高的巨浪大涌。太平洋的咆哮令人望而生畏,只有勇者敢于一往无前。

既然太平洋并不太平,为什么美其名曰"太平洋"呢?这就不得不提到大航海家麦哲伦。麦哲伦率船队通过后来被称为麦哲伦海峡的海峡时遭遇到狂风巨浪后,在从南美洲一直到菲律宾群岛的110天的航行期间,再也没受到大风大浪的骚扰,于是他们给这片平静、浩大的海域取名太平洋。

太平洋不仅胸怀开阔,而且深邃温暖。它是世界上最深、最温暖的大洋。太平洋包括属海时,其平均深度为3 939.5米;不包括属海时,其平均深度为4 187.8米。世界上超过6 000米深的海沟,太平洋就拥有20条;其中包括地球最低点——马里亚纳海沟。该海沟最深处有10 920米,而陆上最高点珠穆朗玛峰才8 844.43米。太平洋还获得了世界上最温暖大洋的称号。它的海面平均水温为19℃,而全球海洋表面平均温度为17.5℃。这是因为窄窄的白令海峡阻碍了北冰洋冷水的流入,再加上太平洋热带洋面宽广,储存的热量多。不过,高温、高湿条件下也产生超低压中心,每年全球70%的台风是在太平洋上形成的。

太平洋风光

湛蓝的太平洋海面上,像繁星一样点缀着1万多个岛屿,较大的岛屿近3 000个;其中,最大的岛屿是新几内亚岛,仅次于北大西洋的格陵兰岛,为世界第二大岛。太平洋西部的岛屿多为大陆岛屿,如加里曼丹岛;中南部的岛多为火山岛、珊瑚岛。世界著名的大堡礁,在澳大利亚东北部沿海,绵延长达 2 011 千米,最宽处 161 千米,包括约 3 000 个岛礁。

3. 大西洋

大西洋,世界第二大洋,面积为 9 336.3 万平方千米,约是太平洋面积的一半。作为年轻的大洋,大西洋不甘落后,它在不断扩张。

大西洋

大陆漂移学说告诉我们:美洲和欧洲、非洲曾是骨肉相连的大陆。后来,超级大陆仿佛受到重击,美洲大陆和欧、非大陆之间被划开一道长长的裂口,就像今天的东非大裂谷;裂口不断拓宽加深,西面的美洲和东面的欧洲、非洲各奔前程,海水涌入裂口,新的海域在咆哮的海水中积蓄力量、壮大声势。时间大手也助了大西洋一臂之力,约 1 亿年的时间,大西洋便如此气势逼人、宽广辽阔。

大西洋中脊山峦起伏。自北部的冰岛起至南部的布维岛止,大西洋中脊长约 15 000 千米,在洋底巍然耸立,山脉走向与两岸轮廓一致,呈 S 形。沿着中脊的轴部,不是连绵的巅峰,而是深深的中央裂谷。年少气盛的大西洋跃跃欲试,想与世界第一大洋"太平洋"一比高下。大西洋长一尺,太平洋就要缩一尺。那么,太平洋会被大西洋挤小吗?

美国芝加哥大学的专家对大陆将来的漂移情况进行了

大西洋中的生物

模拟推算,结论是:太平洋目前的收缩只是暂时的,随着地质变化的演进,太平洋将来可能对大西洋进行全面"反攻";在1.5亿年之后,大西洋不仅不能挤掉太平洋,反而会被太平洋挤成一个"小西洋",甚至可能从地球上消失。

在北大西洋的茫茫海洋中,由百慕大群岛、波多黎各、佛罗里达州南端所围成的一片三角形海域是一个极其神秘的区域,行至这里的飞机、船只、人会神秘消失,这就是令人心生敬畏的"百慕大魔鬼三角"。

英国"海风"号失踪8年后再现,36年前失踪的气球重新出现,原苏联潜水艇上93名船员骤然衰老,失踪24年的委内瑞拉渔民重新生还……一个个令人匪夷所思的事件,让我们对这片海域充满了好奇心:难道这里真的有时光隧道?这些事件到底是杜撰的,还是确有其事?谜团至今未解,等待勇敢、智慧的人们去探秘。

大西洋矿产资源丰富,水产资源也很充足。世界四大著名渔场中,有两个在大西洋。大西洋单位面积渔获量达250千克/平方千米,居世界首位。大西洋海底丰饶而美丽,斑斓的海底活色生香、惊艳世人。

4. 印度洋

印度洋位于亚洲、大洋洲、非洲和南极洲之间,包括属海,其面积为7 411.8万平方千米;不包括属海,其面积为7 342.7万平方千米,约占世界海洋总面积的20%。

印度洋

你知道郑和"七下西洋"的故事吗?此"西洋"正是"印度洋"。1497年,葡萄牙航海家达·伽马在寻找通往印度的航路过程中绕过好望角来到这片广阔大洋,并将其命名为印度洋。早在公元前600年,埃及国王尼科就派海员去考察印度洋海域,但是直到现在,人们对印度洋的了解仍不及太平洋和大西洋,因为相对来说考察得较少。2004 年，印度洋海啸重新引起人们的关注。对于印度洋的探究，还有待于人们付出更多的努力。

印度洋上的油轮

奔腾的印度洋告诉我们，它是四大洋中最年少的。根据大陆漂移假说，在 2 亿多年前，今天的印度半岛、澳大利亚、南极洲和非洲的南半部是连在一起的整块大陆。在距今 6 500 万～22 500 万年前的中生代，印度、澳大利亚大陆、南极大陆、非洲大陆和南美大陆板块漂移，撕裂了南半球贡德瓦纳古陆，"碎片"各奔东西，洋盆因板块漂移而发育长大，终于诞生了印度洋。

世界上最复杂的洋盆就是印度洋洋盆，其中有一条"人"字形的海底山脉躺在洋底。它由中印度洋海岭、西南印度洋海岭、东南印度洋海岭组成。这条庞大的印度洋洋中脊，连接着南极、非洲和印度板块，是长达 64 000 千米环球洋中脊的一部分。洋中脊崎岖险峻、结构复杂、切割强烈，有许多不同形状的海峰、盆地和洼地。

印度洋的边缘海埋藏着丰富的油气资源，年产量约为世界海洋油气年总产量的 40%。其中的波斯湾是世界海底石油的最大产区，堪称世界的油库，已成为许多国家的石油提供地。

5. 北冰洋

北冰洋是世界上最小、最浅和最冷的大洋，是四大洋中"冷酷"的小弟弟。北冰洋大致在北极圈之内，被欧亚大陆和北美大陆环抱，借助狭窄的白令海峡与太平洋相通，通过格陵兰海和许多海峡与大西洋相连，面积仅 1 500 万平方千米，不到太平洋的 1/10。

2 000 万年前，北冰洋充其量只是一个巨大的淡水湖。"这是真的吗？"是的，瑞典斯德哥尔摩大学的马丁·杰克逊等科学家在分析了 2004 年从北冰洋海底采集的沉淀物后这样告诉世界：最初，北冰洋的湖水通过一条狭窄的通道流入大西洋，约在1 820万年前，由于地球板块的运动，较宽的海峡取代了狭窄的通道使得大西洋的海水流进北极圈，才形成了今天的北冰洋。

北冰洋

晶莹的融冰水、一望无际的白色冰原构成了辽远、素净的北冰洋。冷冰冰的洋面大部分长年冰冻。北极海区最冷的月份，平均气温可达-40℃～-20℃；即使在暖季月份，平均气温也多在8℃以下。猛烈的暴风常在寒季光顾，暖季则多海雾。有些月份，每日有雾，腾腾雾气给北冰洋蒙上了一层神秘的面纱，而宛如天堂焰火的北极光不仅神秘而且梦幻。

天寒地冻阻止不了顽强的海藻在北冰洋里生长，以北冰洋为家的动物主要有彪悍的北极熊，探头探脑的海豹、海象，以及狡猾的北极狐等。

北冰洋也是对全球气候变化最敏感的地区。监测表明，北极地区气候与环境正在发生快速变化，北冰洋夏季海冰面积在逐渐减小。2007年，海冰范围比2006年锐减27%，海冰覆盖面积已降到360万平方千米。

北极熊

北极海冰衰退可能造成重大影响。一方面，北极冰层对于保护地球非常重要。因为冰就像是地球的"空调"，它能够自然地为空气和水降温；同时，它又像一面镜子，会将太阳辐射反射到太空中去。一旦冰雪融化，深色的海水露出表面，将会吸收更多的阳光并升温，将会加剧全球变暖的趋势。

另一方面,北极海冰的衰退可能引发地区冲突。北冰洋拥有地球上 25% 的未开发原油和天然气资源,获得这里的自然资源控制权对于任何一个国家来说都有着巨大的诱惑力。冰帽面积缩小将为更多自然资源的开发提供新的航行通道,也会带来更多的商业机会。北极已经成为包括加拿大、俄罗斯、美国和部分北欧国家争夺主权的重地。

6. 精彩纷呈的大海

最大、最深的海——珊瑚海

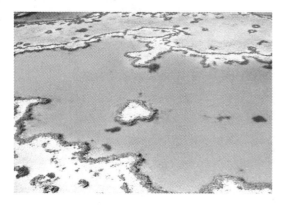

珊瑚海

珊瑚海位于澳大利亚和新几内亚以东,新喀里多尼亚和新赫布里底岛以西,所罗门群岛以南,南北长约 2 250 千米,东西宽约 2 414 千米,珊瑚海的面积有 479.1 万平方千米,最深处达 9 174 米。

珊瑚海周围几乎没有河流注入,水质上乘。受暖流影响,加上地处赤道附近,全年水温都在 20℃ 以上,最热的月份水温甚至超过 28℃。无数珊瑚虫在此繁衍生息,它们分泌的石灰质与其死后的遗骸经数千年的堆垒增长形成了珊瑚礁。珊瑚礁又为海洋动物提供了优良的生活环境和栖息场所,鲨鱼、海龟都爱这珊瑚天堂。世界三大珊瑚礁——大堡礁、塔古拉堡礁和新喀里多尼亚堡礁周围有大量的鱼虾在嬉戏。

珊瑚海中的生物

在全球的珊瑚礁中，大堡礁知名度最高。这座珊瑚宫殿被誉为"世界七大自然奇景之一"，也是《海底总动员》中小丑鱼尼莫的家。1981年联合国教科文组织将其评选为世界遗产，是众多世界遗产中面积最大、可以在太空中凭肉眼看到的地方，还被英国BBC广播公司评选为"这辈子一定要去看的旅游胜地之一"呢。

水下的珊瑚世界，五光十色。珊瑚如海底之花轻舞摇曳，吸引着世界各地的游客前来观赏。随着海水温度一点点升高，珊瑚渐渐变白，这是因为天气太热，它们退色了。全球变暖、海水污染和海岸开发，让美丽的珊瑚礁"花容失色"；各国纷纷采用的拖网捕鱼技术和日益繁荣的国际珊瑚贸易，让珊瑚礁面临着危机。有研究人员估计，如果人类不采取有效保护措施，在未来100年间，世界各地的珊瑚礁将会"消失殆尽"。

倡导低碳生活，减少海洋污染，对珊瑚贸易持慎重态度，这些都是我们为拯救美丽的珊瑚海所能做的事情。

大陆中间的海——地中海

地中海东西长约4 000千米，南北最宽处约1 800千米，面积为251.6万平方千米，是世界上最大的陆间海，也是最古老的海，而它旁边的大西洋却是年轻的海洋。地中海虽已"上了岁数"，有时却会"发火"。它处于欧亚板块和非洲板块交界处，这里是世界上最强的地震带之一，维苏威火山即位于该区域。

爱琴海梦幻动人，是地中海东部的一片海域。春夏两季，夕阳照耀海面，海水呈现葡萄酒色，令人心旷神怡。爱琴海中岛屿小巧明丽。人们可以在圣特里尼岛看最美的日落，也可以在米克诺斯岛的落日餐厅里数风车，还可以去埃及那岛

地中海风光

风车

看宙斯情人的住地。饱览地中海美景，品尝地中海式美食，是人生一大饕餮幸事。

　　地中海海岸线曲折，岛屿众多，拥有许多天然良港，成为三个大陆的交通咽喉，迎送着历史长河中熙熙攘攘的船队和人群。古埃及文明、古巴比伦文明、古希腊文明的萌发与繁盛，都受益于深情脉脉的地中海。腓尼基人、克里特人、希腊人，以及后来的葡萄牙人和西班牙人，都是听着地中海涛声、用着地中海海水成长起来的航海人。

　　地中海不仅仅具有诗意的美，更重要的是它还承袭着历史赋予它的使命。苏伊士运河的开凿通航，使地中海东南得以与红海相通，并经红海入印度洋。从西欧到印度洋，通过直布罗陀海峡——地中海——苏伊士运河——红海这条捷径，要比绕非洲南端好望角节省1万千米以上的路程，因此，地中海一跃成为世界上运输最繁忙的海路。

马尾藻海

　　海离不开岸，海与岸就像唇齿彼此相依。然而，大西洋中却流落着一片无岸之海，它孤零零的，没有陆地可依靠。它纯洁透明，是世界上最清澈的海，但又凶险丛生，生长在其中的大量马尾藻让人望而却步。美国作家托马斯·简尼欧曾这样描述这片海域："许多沉船的废墟集合在一起，一直延伸着，就像世界上所有的沉船都躺在那儿，像一群被遗弃的伙伴……"

　　北大西洋的中部，北纬20°～35°、西经40°～70°之间，有一块凸透镜一样的海区，这便是马尾藻海，它的四周被洋流环绕着。这个

马尾藻海

海域海流弱,水温却高达 18 ℃～23 ℃,盐度一般为 37。高温、高盐再加上海流的封闭作用,使得马尾藻海的海水水位比四周高,活像一块镶嵌在大西洋中的凸透镜。

马尾藻海被几条洋流团团围住:墨西哥暖流将它与美国东海岸分开,北大西洋暖流在北,加那利寒流在东,北赤道暖流在南。马尾藻海长约 3 200 千米,宽约 1 100 千米,与印度的国土面积差不多。

选一个阳光明媚的日子,把照相底片放在约 1 000 米深的马尾藻海水中,底片仍旧能够感光,这是因为马尾藻海是世界上透明度最高的海,其碧清的海水透明度竟达 60 多米。这确实令我们对它充满向往,但要注意的是,在它淡然、清冽的外表下却隐藏着重重危险。

翻开航海历史的大书不难看到,有不少航海者在马尾藻海丧命。过去有关它的种种传说都把它描绘得神秘、可怕:有的说马尾藻海中有恶龙,会将过往船只拖入水中;有的说马尾藻海里有妖魔,常常施展"定身法",将船只捆住一动不动,直到被风浪掀翻。

真相究竟是什么?原来该海域生长着大量马尾藻,它们在开阔水域自在地生长,会缠住螺旋桨使船舶失去控制,最终倾覆沉没;加上这里一年四季几乎不刮风,没有长风万里,帆船也就无法扬帆远航。

最咸的海——红海

红海的家在非洲北部与阿拉伯半岛之间。它形状狭长,从埃及苏伊士向东南延伸到曼德海峡,像一只长约 2 100 千米的"鳄鱼"趴在亚欧大陆之间。为什么它被称为红海呢?这是因为该海域生长着一些微藻,它们的季节性繁殖将海水染成红褐色,有时连天空、海岸都被映得红艳艳的,因而这里的海就有"红海"的美称。

红海

如果要评选世界上最咸的海，那么非红海莫属。生在热带和亚热带地区的红海，北部年降水量仅有 20 多毫米，其南部也只有 100 多毫米，可谓滴水贵如油，但是它的年平均蒸发量却达 2 000 多毫米，要不是从印度洋流入红海的水量超过从红海流出的水量，红海恐怕早就被晒干了。但是，从印度洋流入红海的也是咸水，致使红海盐度居高不下。

除此之外，红海的海底还藏着不少"加热炉"。大量岩浆通过"热洞"涌出海底，加热了周围的岩石和海水，这些海水携着盐分和热量泛到海面，在带来盐分的同时也加速了海水的蒸发，红海"咸上加咸"。

红海咸到极致，也美到极致。美国《读者文摘》曾如此赞叹：在红海，如果你想证明上帝存在的话……你只需有一套潜水道具便够了。因为就在海面下，有个五光十色、千变万化的世界，那是只有伟大的艺术家、全知的科学家、万能的大主宰才能创造得出的奇妙世界。

湛蓝到妩媚的海水下，色彩斑斓的珊瑚、绚丽多姿的热带鱼令人叹为观止。潜水摄影师大卫·杜比勒这样描绘红海："在红海海底，每日每夜都非常热闹，珊瑚都在魔术般默默地有节奏地跳着舞蹈……"但是，红海中的珊瑚礁数量正在持续减少。《科学》杂志刊文警示世人：21世纪末，红海珊瑚或将停止生长。红海中的珊瑚无法承受高温的煎熬：红海表面温度的不

红海中的生物

断上升威胁着居住在珊瑚礁内并制造珊瑚礁的珊瑚虫。研究人员说，如果目前全球变暖趋势继续的话，那么，到2070年的时候，红海中的所有珊瑚都将停止生长。如果全球变暖趋势能够放缓，人们仍然有希望挽救这些红海里的珊瑚礁。

7. 海 峡

最长的海峡——莫桑比克海峡

在非洲大陆东岸与马达加斯加岛之间，有一条世界上最长的海峡——莫桑比克海峡。海峡全长为1 670千米，平均宽度为450千米，大部分水深超过2 000米。

海峡两岸地形多变，西北方的莫桑比克海岸，是犬齿状侵蚀海岸；东北方的马达加斯加海岸逶迤绵延，是基岩海岸，时见珊瑚礁与火山岛；南部两岸是砂质冲击海岸，多沙洲与河口三角洲；赞比西河口是独特的红树林海岸。

莫桑比克海峡处于热带，年均水温超过20℃，终年笼罩着湿热的氤氲。暖暖的东风驱动的南赤道暖流，转南流入莫桑比克海峡，这便是升腾着水汽的莫桑比克暖流。海峡少大风，除夏季偶有飓风外，较为平静。

这里的龙虾、对虾、海参肥美味鲜，享誉世界。另外，这里还是金枪鱼的盛产地。莫桑比克海峡是连通南大西洋与印度洋的一条交通要道，从波斯湾出发满载石油的货轮有些先经过这里，再去往欧美。若非苏伊士运河，作为欧洲由大西洋、好望角、印度洋至东方的便捷之路，这里会更加纷攘、繁忙。现今，苏伊士运河承载不下的巨型货轮还需经此通过。

莫桑比克海峡

最深、最宽的海峡——德雷克海峡

同许多海峡一样，德雷克海峡也是得名于人物名字的海峡。然而，德雷克可不是探险家或者航海家，他是著名的海盗。位于南美洲南端与南极洲南设得兰群岛之间的德雷克海峡，长为300千米，宽为900～950千米，平均水深为3 400米，最深处为5 248米，占据了深度与宽度的两个世界之最。

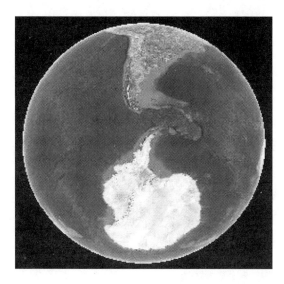

德雷克海峡

德雷克海峡是沟通太平洋与大西洋南部的重要通道。1914年巴拿马运河开通前，这里航船往来如织；在巴拿马运河日益拥攘的今天，它依然以宽阔的胸怀容纳着繁忙的行船。德雷克海峡是南美洲至南极洲的最近海路，留下了前往南极洲人们的纷纭足迹。

处于高纬度的德雷克海峡，是太平洋与大西洋的相遇之地；海峡两侧气压差较大，南极来的干冷空气与美洲的暖湿空气交流与碰撞，造就了这里恶劣的气候。日复一日地吹刮着超过八级的大风，或见一二十米高的狂浪怒涛翻腾，南极而来的冰山漂浮隐现，万吨巨轮似落叶飘零，无数船只曾倾覆于深邃的大海，"杀人的西风带""暴风走廊""魔鬼海峡"的名称随之而来。不过，这里海水蕴涵着丰富的营养盐，使这里成为海洋生物的天堂。

最曲折的海峡——麦哲伦海峡

1520年10月21日到11月28日，麦哲伦穿越了南美洲南端与火地岛等岛屿之间长为560千米、宽为3.2～32千米的曲折海峡，由大西洋进入太平洋。后来,出于纪念之意,这个曲折的海峡便被称为麦哲伦海峡。

自西向东,海峡从西北——东南走向变为南北走向,再变为西南——东北走向,可谓百转千回,是世界上最曲折的海峡。从海峡自身特点来看,麦哲伦海峡并不利于

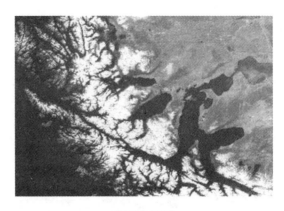

麦哲伦海峡

航行。峡中海水深浅迥异,最深处超过 1 000 米,最浅处只有 20 米;两岸山崖陡峭,多海岬、岛屿;海峡中漂浮着很多的海冰,常见漩涡逆流。海峡位于南纬 53°,处于西风带,凛冽的西风裹挟着寒冷与水汽,使这里寒冷多雾、风急浪高。在冬季时,两岸陡壁上高悬的巨大冰柱,断裂后砸入水中,震耳欲聋的响声令过往船只上的人们胆寒。

年通过船只最多的海峡——英吉利海峡

狭长的英吉利海峡,又称为拉芒什海峡,位于英国与法国之间,沟通着大西洋与北海。海峡的法语名称意为"柚子",以状其貌。海峡长 560 千米,西宽而东窄,最宽处 240 千米,最窄处的多佛尔海峡仅 34 千米;因位于英国多佛尔与法国加来之间,又称为加来海峡。英吉利海峡是世界上年通过船只最多的海峡,年达 20 万艘,曾为西欧、北欧资本主义经济发展立下了汗马功劳,享有"银色的航道"美誉。

海峡受西风带影响,冬暖夏凉,年温差小,最低气温为 4℃～6℃,最高气温为 17℃。海峡上空终年飘荡着湿热的雾气,与海水连接成片,笼罩着过往的航船。法国靠近加来海峡一带的地区,一年里有 200 多天是阴雨绵绵的天气。

海峡两侧峭壁耸立,峡中岛屿星罗棋布,海水携来的沙砾沉积物与岸壁崩落的碎石沉入海底。汹涌的海水一点点冲落岸边的碎石,侵占陆地,每 100 年会有 1 米的"收获"。

海峡畅游着数不清的鲱鱼、鳕鱼等,海底蕴藏着丰富的石油、天然

英吉利海峡

气等资源。这里潮差显著,尤其是法国沿岸,潮汐能居世界之首,全世界最大的潮汐电站就位于法国的朗斯河口。

英吉利海峡隧道,即英法海峡隧道或欧洲隧道,1987年12月1日动工,1994年5月7日通车,耗资150亿美元。通车时,英国女王与法国总统分别在两岸剪彩,共同庆祝。它也是欧洲交通史上的里程碑,圆了欧洲200年的梦想。

隧道的一端是英国的福克斯通,另一端是法国的加来。隧道总长为50千米,水下长度为38千米,摘取了世界海底隧道长度的桂冠。海峡间是3条平行的隧道,南、北隧道相距30米,直径均为7.6米,中间是为维修、救援之便修筑的辅助隧道,直径4.8米。未雨绸缪,中间隧道有两条通道连接周边隧道,以备隧道故障列车需转入另一隧道行驶之需。为便于维修和紧急状况下疏散人群,中间隧道每隔375米就有连通南北隧道的通道。

最重要的洲际海峡——马六甲海峡

马来半岛与苏门答腊岛之间,有一条漏斗形状的海峡,西北头朝印度洋,东南尾向太平洋,它就是马六甲海峡。

马六甲海峡沿岸的马来半岛上曾有座叫做马六甲的古城。到15世纪中期,马六甲古城已从小渔村发展成马六甲王国,并统一了整个马来半岛。到16世纪初,马六甲已经可以

马六甲海峡风光

与威尼斯、亚历山大、热那亚等城市相媲美。马六甲海峡即因马六甲古城得名。

马六甲海峡从 2 000 多年前忙碌至今,繁忙程度仅次于英吉利海峡。它是印度洋与太平洋的交通咽喉,是环球航线的重要一环,也是最重要的洲际海峡。它在世界石油运输方面有着重要意义,接纳了世界 1/4 的运油船,尤其是西亚的石油多经此运往东亚,被东亚各国视为"生命线"。

8. 海 湾

"湾"字是由"弯"和"水"两字组成的,海洋学即把岸弯水曲的海域称为海湾。水曲伴岸弯。海湾的岸界是明显的,然而向海洋一侧,却不像"海"那样有明显的岛屿、群岛等与其他水域为界。当然,因为历史或习惯等,有些海域的名称并不符合海洋学关于海湾的定义,对此我们也就随俗从习吧。

面积最大的海湾——孟加拉湾

亚洲大陆在印度洋北部切出一个面积为 217 万平方千米的海湾。这方海湾西靠印度半岛,东依中南半岛,北接缅甸、孟加拉国。它就是孟加拉湾,是世界上面积最大的海湾。

热带低气压时常笼罩、徘徊于孟加拉湾,为这一带带来强烈的风暴。特别是 4 月到 10 月,夏季及夏秋之交,风暴常常怒吼着,与海潮一道发作,翻卷海水,向海岸奔去,扑向恒河—布拉马普特拉河河口;顷刻间,大雨倾盆,波浪滔天,危害巨大。1970 年,一次特大风暴使孟加拉国 30 万人丧生,100 多万人失去家园。

孟加拉湾水温为 25℃～

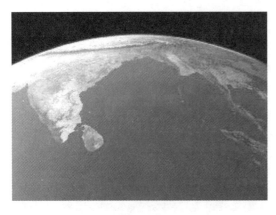

孟加拉湾

27℃,盐度为 30～34。沿岸有多种喜温生物,如恒河口的红树林、斯里兰卡沿海浅滩的珍珠贝等。

最大暖流的源头——墨西哥湾

北美大陆东南部在大西洋划出一道海湾。海湾东西长约为 1 609千米,南北宽约为 1 287 千米,面积为 154.3 万平方千米,这就是仅次于孟加拉湾的世界第二大海湾——墨西哥湾。

墨西哥湾

墨西哥湾东北临美国,西南接墨西哥,东南遥望古巴。墨西哥湾东出佛罗里达海峡可入大西洋,经尤卡坦海峡进加勒比海。

至今没有任何其他地区能像墨西哥湾一样,有着如此众多重要的海洋研究中心,特别是在得克萨斯、路易斯安那与佛罗里达。整个墨西哥湾就是一个天然的自然实验室。种类繁多的海洋生物和优美的沿岸沙滩蕴涵着无穷奥妙。蕴藏丰富石油的地质环境,吸引着众多地球物理学家的目光。频繁光顾的热带风暴,也让气象学家不肯轻易错过。

佛罗里达半岛温暖、湿润,四季气候宜人,是个旅游的好去处。人们可以在平坦的沙滩上漫步,感受细软的沙子抚摸双脚;还可以在闻名的"迪斯尼世界"尽情游玩,流连忘返;或者去"多草的水地"大沼泽地国家公园饱览海滨美景。

世界油库——波斯湾

印度洋西北部伸入阿拉伯半岛与伊朗高原之间的一方海域,便是波斯湾。波斯湾接纳了曾孕育过古巴比伦文明的底格里斯河与幼发拉底河,经东边的霍尔木兹海峡与阿曼湾相通。

波斯湾

波斯湾的自然条件得天独厚,温暖的浅海环境、丰富的水生动植物以及利于储存的地质构造,是石油形成与储存的良好条件。波斯湾及其周围100千米的地域,是石油的天地,蕴藏着占世界一半以上的石油资源,世界石油出口总量的近60%来自波斯湾。

虽然现在的波斯湾已因石油而身价倍增,其实追溯历史,作为重要的贸易通道,它也从不寂寞。早在公元前20世纪,波斯湾就是古巴比伦文明的重要见证者。因处于交通要道,它先后被亚述人、波斯人、阿拉伯人、土耳其人控制。1506年归葡萄牙掌控,时间长达一个世纪。1625年,荷兰插足波斯湾。随后英国在与荷兰的争夺中获胜,于19世纪取得对波斯湾的控制权。第二次世界大战后的波斯湾因为蕴藏的丰富石油资源变得更加炙手可热。

哈德孙湾

北冰洋的边缘有一片伸入加拿大东北部内陆的大海湾,它北经福克斯湾与北冰洋相通,东北通过哈德孙海峡与大西洋相连,向东南伸出的部分称詹姆斯湾,是一个近乎封闭的内陆浅海湾。

哈德孙湾深居内陆,大部分处于北纬60°附近,气候严寒,年平均气温为-12.6℃,水温很低,只有在八九月份海水表面温度才达3℃～9℃,海水从10月份开始结冰,到次年夏季冰雪才会消融。哈德孙湾在大部分时间里都是一脸冰霜,海面多雾,一年有300个雾日是常有的事。

居住在哈德孙湾岸边的原住居民,自称因纽特人,意为"真正的人"。爱斯基摩人是外来者强加于他们带有蔑视的称呼——"吃生肉的人"。因纽特人的祖先来自亚洲,两次大迁徙后来到哈德孙湾附近。

哈德孙湾有长达数月甚至半年的黑夜,还有零下几十摄氏度的严寒和暴风雪。在那里,人们必须直面当地恶劣的气候和严酷的环境。夏天他们在澎湃的大海上捕鱼,冬天在危险的浮冰上狩猎,鲸鱼、北极熊是他们需要警惕的野兽。在

哈德孙湾

这样严酷的环境中生存的人,怎能不坚忍、顽强、勇敢呢?

随着时代的变迁,因纽特人从以捕鱼和狩猎为生转变为今天的现代化生活。从前曾经住过的冰屋"伊格鲁"已不复存在,变成了今天装有下水道和暖气设备的木板房屋;狗拉雪橇也很少使用了,取而代之的是汽车;医院、学校、邮局、体育馆、警察局、市政厅、加油站、商场等随处可见,现代文明秩序覆盖了这片曾经神秘的地域。

哈德孙湾是北极生物的福地。鳕鱼和鲑鱼在哈德孙湾里畅游,海象、海豹、海豚、逆戟鲸和北极熊在那里悠然自得,约有200种鸟类喜爱栖息在海岸上,一些食草动物如驯鹿、麝牛等也在这里世代繁衍。

挪威峡湾群

在北欧斯堪的纳维亚半岛西岸,海岸线万转千回,雄壮陡峭的岸壁傲视着深谷中汹涌的海水,这种冰蚀胜景就是极富魅力的挪威峡湾群——一种冰川槽谷。

第四纪冰期时期,覆盖大陆的冰川向海洋运移。冰川在运动过程中侵蚀地面,切割下的泥砂石块混杂其中,使冰川的侵蚀能力更强。年深月久,将海岸侵蚀得曲折残缺,逐渐形成锯齿状的峡湾。世界上80%的峡湾分布在欧洲,其他散布于新西兰、智利等地。欧洲的峡湾主要集中在挪威,挪威又被称为"峡湾之国"。

挪威峡湾群被世界著名的《国家地理旅游者》杂志评选为保存完

好的世界最佳旅游目的地。挪威有 2.5 万千米蜿蜒的海岸线，由北向南，从瓦朗厄尔峡湾到奥斯陆峡湾，弯转迂回，绵延不绝。峡湾内还分布有 15 万个大小不一的岛屿，挪威因而又称为"万岛之国"。挪威峡湾群中有世界上最长、最深的峡

挪威峡湾风光

湾——波桑恩峡湾。该峡湾长为 204 千米，深为 1 308 米。

由于纬度较高，极昼极夜的现象较明显。8 月份，早上 4 点钟天就亮了，而晚上要 10 点钟天才黑。好在挪威人已经适应了这种生活，也已经养成了与之相适应的生活习惯。

挪威人过着舒适悠闲的生活，工作时间不长，生活节奏舒缓。他们通常有两处居住地：一处是城里工作的居所，一处是森林中的别墅。

渤海湾

河北、天津、山东、辽宁四省市从三面包围着我国的内海——渤海，渤海湾则在渤海的西部，面积为 1.59 万平方千米，约占渤海总面积的 1/5，和辽东湾、莱州湾共同享有"中国鱼仓"和"海洋公园"的美誉，中国最大的盐场——长芦盐场也依卧于渤海湾畔。

渤海湾

渤海湾位于陆上黄骅含油凹陷的自然延伸地带，生贮油盆地面积大，第三系沉积厚，是我国油气资源较丰富的海域。胜利、大港油田的发现，有力地

证明了在渤海这样构造复杂的地质条件下同样可以找到大油田的观点。

　　国家海洋局统计资料显示，渤海的入海排污口共105个，其中大多数属于超标排放。年入海污水量为28亿吨，约占全国排海污水总量的32%；各类污染物质计70多万吨，占全国入海污染物质总量的47.7%；有的地方海底泥中的重金属含量要超出国家标准2 000倍。环境的严重污染使得近海的鱼、虾、蟹、贝等逐年递减，也使赤潮不请自来，在渤海湾频繁发生。渤海典型封闭海的特征使其无法自我净化，渤海湾污染治理已迫在眉睫。于是，《渤海碧海行动计划》应运而生。该计划启动后，国家将投资500多亿元，实施427个项目，以加快渤海海洋环境的恢复。

三、海洋现象

　　潮涨潮落这种"地球的呼吸"是怎样形成的？大洋环流，是漂流瓶得以环游世界的原因吗？浪花朵朵，带来福音，也带来灾难？海雾迷漫，模糊了谁的视线？海冰巍巍，它们和海水一样咸吗？……种种海洋现象迎合自然之理，成就了海洋的浩瀚广阔，赋予了海洋更深刻的内涵，让人不禁啧啧称赞海洋的神奇。

1. 潮　汐

　　潮涨潮落的力量首先来自地球。"坐地日行八万里"，地球自转，不舍昼夜，覆盖其上的海水受离心力的作用欲脱离地球的牵绊。月亮与太阳也以无形之力牵引着地球，但因月亮距地球较太阳近，其引潮力是太阳的两倍多，影响较显著。当然还有太空中其他星球的引

潮汐

力,不过,它们距地球太过遥远,引力可以忽略不计。其实,并不是月亮与太阳给地球多少引力,潮水便承受多大的引潮力的。月亮与太阳在施予地球引力的同时,地球自身和月亮、太阳之间的相对运动派生的力会抵消掉一部分引力。所以,海水实际上所受的引潮力,是地球所受上述各种力的合力。

潮汐蕴涵着巨大的能量,不仅人类可以将其转化为所需的电能,很多生物更在潮汐的一起一伏中获得生命的动力。潮间带的生物有牡蛎、贻贝、虾、蟹等。

钱塘江涌潮

"千里波涛滚滚来,雪花飞向钓鱼台。"著名的钱塘江涌潮携金戈铁马之势,威武雄壮。交叉潮、一线潮、回头潮、半夜潮,种种美景不胜枚举。"八月十八潮,壮观天下无。"每年的农历八月十八日前后,太阳、地球、月亮的位置几乎在一条直线上,引潮力最大。在此期间,钱塘江便卷起千堆雪,惊涛拍岸。

芬迪湾的名字,源于葡萄牙语,意为"深深的海湾"。如果说钱塘江涌潮是中国之最,那么芬迪湾潮差则是世界之最。芬迪湾的潮水蕴蓄着巨大的力量,平均潮差为10米,还曾出现过21米高的潮差。

芬迪湾

2. 海 流

海洋奔腾不息,流淌的海水要去往何方?海洋深处的涌动是有迹可循的,它使海洋充满了"活力"。各种各样的海流,携带着所经之地的热量或

全球海流分布

营养物质，影响着气候和海洋环境，也影响着人类的活动。

地球上重要暖流的"家"都在赤道，它们蜿蜒流向高纬海域，曲折流淌，一路变幻风采。在太平洋，北赤道流西行遇菲律宾吕宋岛，分成为南、北两支海流，而向北的一支便成为全球第二大暖流——黑潮的源头。

黑潮的分支黄海暖流，为我国黄、渤海地区带来如春暖意，秦皇岛沿岸海水因此终年不冻。我国有"天然鱼仓"之誉的舟山渔场，便和黑潮分支台湾暖流与沿岸海流交汇有密切关系。

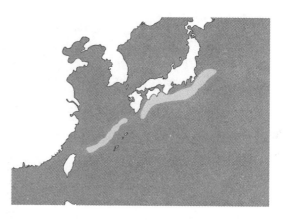

黑潮

3. 波　浪

"高树多悲风，海水扬其波。"如果说潮汐是地球的呼吸，波浪或许是海洋情绪的不时释放，它的产生更具偶然性。

风浪，是海洋中因风而起的一种波动现象。根据波高不同，可将风浪

波浪

分为 10 级：0 级，风平浪静，海面平滑如镜；3 级，浪高 0.5～1 米，浪花轻卷；5 级，浪高 3 米，威力增强；7 级，浪高 9 米，大海怒吼；9 级，浪高 14 米，海洋雷霆大发。

海浪时而美丽，时而凶险，威胁着航船。有海难记录的近 200 年来，全球有 100 多万艘大中型船舶被巨浪打入海中。近海石油钻井平台也常遭遇海浪袭击；据报道，巨浪已吞没了世界上 60 余座石油钻井平台。

4. 海 雾

"红瓦绿树、碧海蓝天"的青岛还有一重缥缈之美。每年 4～7 月，春夏交替，雾气弥漫，海与天蒙起面纱，一切景物亦真亦幻。笼罩于海上或海岸区域的雾气与海有关。在海洋影响下，空气中的水蒸气凝结且在低空聚集的现象，称作海雾。

海雾

水蒸气围绕粉尘等凝聚核凝结为细小水滴、冰晶或两者的混合物，徘徊、飘悬于低空，使能见度小于 1 千米。海雾能吸收各种波长的光，呈乳白色。春暖花开时分，是海雾到来的季节，细密的水珠飘浮着，阻隔人们的视线，相隔几米，也可能"视而不见"。

5. 海 冰

海冰是海洋的"皮袄"，这个皮袄同其他海洋现象一样有多副面孔。它是航船的敌人，在不经意间面露狰狞；它是巨大的宝藏，蕴藏丰富的淡水资源；它还是北极熊等极地生物的朋友，这些生物与海冰相依相伴。

海冰是海水结成的冰，即咸水冰。广义的海冰指海洋中所有的冰，包括来自湖泊、河流的河冰和自冰川脱落的冰山，以及咸水冰。

冰冻三尺,非一日之寒。海冰最初细而薄,呈针状或薄片状,后逐渐聚集、凝结,再经受风吹浪打、海水冲积,形成重叠冰、堆积冰,最终成为厚厚的冰山。

结冰时,海水密度发生变化,上、下层海水得以对流、混合;同时,海水将携带的独特水文性质向所到之处传播,实现

海冰

水文要素的趋匀分布。表层海水带着丰富的氧气沉向下层,下层海水携着充裕的营养盐类来到上层。营养丰富的海水哺育了大量浮游生物,由此变为海洋生物的天堂。因此,极地海域海洋生物资源丰富,如南极闻名遐迩的磷虾与鲸鱼。

2009年,科学家们发现南极的威尔金斯冰架正在崩解。气候变暖、极地冰雪融化,地球将发生天翻地覆的变化。大洋冰界后退,海平面则升高,人类生存的某些陆地将被淹没而归于海洋。

四、海洋灾害

激战的巨浪,上下翻飞的水魔:台风、风暴潮、海平面上升、赤潮……种种极端的海洋现象,因自然的或人为的因素,给人类的生产、生活带来了灾难性的后果,一并归结为海洋灾害。它们因何而起,又为何而来? 人类又将如何面对? 在这里,且让我们一道揭穿海洋灾害的本质,一探究竟。

1. 风暴之神——台风

台风是我们在电视里经常看到的海洋灾害,对于我国东南和南方沿海地区,台风更是"常客",每年都会不止一次"造访"。台风威力强大,风力在12级以上,超强台风风力达16级以上。台风来临时大雨

如注,激发风暴潮,令人望而生畏;当然,调剂地球热量、顺便缓解周边地区的旱情,也算它做的好事吧。

台风来了,人尽量不要在迎风窗口附近活动。另外,要疏通下水管,防止积水;拴紧门窗,减少外出。若要外

台风

出,行走尽可能避开地下通道等易积水地区,尽量避免在河边和桥上行走,远离危旧房屋、临时建筑、广告牌等容易造成伤亡的地方。

2. 杀人魔王——风暴潮

风暴潮是由强烈大气扰动,如台风等引起的海面异常升高的现象。风暴潮一来,便要纠缠数小时至数天,通常叠加在正常潮位之上,而风浪、涌浪也会来凑热闹,三者结合引起沿岸海水暴涨,常常酿成巨大潮灾。

风暴潮来临时,要注意收看电视、收听广播和上网查询,及时了解各级预报部门发布的风暴潮预警报。如果是自己制定疏散路线,要事先和当地应急部门沟通,商讨路线是否合适;离开住所之前,要关闭所有设施的开关,若时间允许,可以将家用电器放置在较高的位置上。

风暴潮

3. 恐怖的海啸

海啸就是由海底地震、火山爆发、海底滑坡或气象变化产生的海面大幅度涨落的灾害。巨大震动之后，震荡波会在海面上传播到很远的地方。海啸的波速高达每小时 700～800 千米，在几小时内就能横跨大洋；波长可达数百千米，可以传播数千千米而能量损失很小。

日本海啸

2011 年 3 月 11 日，日本本州岛东海岸附近发生 9.0 级地震。强震引发的海啸袭击仙台，并波及多国沿海。据海啸专家称，这次海啸为"日本有史以来浪头最高、影响范围最广的海啸"，达 1.8 千米宽、10 米高，纵使日本东北沿岸绵延数百千米的世界第一防波墙也无力抵挡。

海啸能够将人群瞬时吞没。在发生海啸时，我们当然不能坐以待毙。地震是海啸最明显的前兆。如果海洋中已有地震发生，不要靠近海边和江河的入海口。海上船只听到海啸预警后应该避免返回港湾，因为海啸在海港中造成的落差和湍流非常危险。看到离海岸不远的浅海区海面突然变成白色，其前方出现一道长长的明亮的水墙，应该快速撤离。如果条件允许，应该备一个急救包，里面有足够 72 小时用的药物、饮用水和其他必需品。

4. 海岸侵蚀

海水与海岸相克而相依，达成了某种动态平衡。海洋动力作用，加上人为因素，若导致沿岸供沙少于来沙时，平衡被打破了，造成海岸侵蚀，海岸就成了一点点被吃掉的"沙饼"。海岸侵蚀还留下了副产品——海蚀地貌。曲径幽洞，嶙峋怪石，嵯峨巨岩，不一而足。具体来说，便是海蚀洞、海蚀柱、海蚀崖，松软岩石海岸形成的海蚀平台。位于青岛市的石老人景观即为海蚀地貌。

我国是海岸侵蚀最为严重的国家之一，有70%左右的沙质海岸线和几乎所有开阔的淤泥质海岸线均存在海岸侵蚀的现象，向海要地刻不容缓。

青岛石老人景观

5. 海平面上升

全球气候变暖，冰川融化，海水质量增多，增温产生热膨胀，都能导致海平面的上升。虽然这一过程缓慢，但一点点渐进式的蚕食，后果将是非常可怕的。

2008年，我国沿海海平面为近10年最高。预计未来30年，我国沿海海平面将保持上升趋势，30年后将比2008年升高约130毫米。长江三角洲、珠江三角洲、黄河三角洲和天津沿岸仍将是受海平面上升影响的主要脆弱区。而我国的上海、美国的纽约、泰国的曼谷、意大利的水城威尼斯等等，也将遭受海平面上升、地基下陷导致消失的威胁。它们一旦消失，世界的损失将是巨大的。

我们该怎么办？

作为地球上的普通一员，我们有责任爱护她，要低碳生活、少抽地下水，要更多地关注即将沉没的小岛。

岛屿被淹

6. 海洋杀手——赤潮

赤潮通常指的是海洋中的一些单细胞藻、原生动物或细菌在短时间内突发性增殖或高度聚集而引起的水体变色或对海洋中其他生物产生危害的一种生态异常现象。

赤潮

赤潮生物有的有毒,有的无毒。有毒赤潮生物分泌毒素,贝类生物吞食它们后,毒素就沉积在其内脏中,含有毒素的贝类被人们食用后就可能引发中毒。有毒赤潮生物还会产生某些化学物质,刺激人的眼睛、鼻腔及皮肤,人们也会因吸入带有这些化学物质的水汽而呼吸道不适。赤潮生物死亡分解时会消耗大量溶解氧,海里的鱼、虾会因缺氧而死亡。有些赤潮生物分泌的黏液会堵塞鱼的鳃丝,使其窒息死亡,导致渔业减产。

防止赤潮的发生,我们每个人都有责任。从现在开始,请选用无磷洗涤剂,减少含磷废水排放入海;生活中注意二次利用淘米水和洗菜水;要控制污水入海量,防止海水富营养化。

第二部分 海洋资源篇

海洋动物、植物、微生物组成了广袤海洋中充满生机的庞大水族。世界各大渔场是资源丰富的"鱼仓"。海洋药物种类繁多,各显奇效。海床和底土的石油、天然气、多金属结核和热液硫化物等蕴藏丰富,是人类的"聚宝盆"。海洋中的潮汐、海浪、海流、温差一样能被"驯化",为人类带来无穷能量,把世界点亮。

一、海洋生物资源

海洋及其海岸带是生物多样性的伊甸园。海洋动物、植物、微生物种类繁多,为人类提供着食物来源。有经济价值的鱼类和其他水生动物在特定海域集群,适宜于人类捕捞的海域叫做渔场。

北海渔场因北大西洋暖流与北冰洋南下冷水交汇形成,年平均捕获量在 300 万吨左右,约占世界捕获量的 5%。北海渔场有自己的近忧,因受油轮、油管经常漏油的影响,近些年来该海域已被严重污染。

纽芬兰渔场曾号称"踏着水中鳕鱼群的脊背就可以走上岸",但20 世纪五六十年代,无视鱼类是否处于繁殖季节,运用大型机械化拖网渔船在渔场夜以继日地作业,使该渔场没有了往日的辉煌。2003 年的纽芬兰海域已没有了往日的生机,加拿大也彻底关闭了纽芬兰及圣劳伦斯沿岸的渔场。

秘鲁渔场的形成很大一部分是拜秘鲁寒流所赐。在常年盛行的南风和东南风吹拂下,秘鲁沿岸表层海水偏离海岸,下层冷水上泛,在给海水降温的同时也带来了大量营养物质。但是,近年来的厄尔尼诺现象很是让秘鲁渔场头疼。渔场海水异常升温,大量鱼群以及专食鱼类的鸟类相继死亡。

海洋生物

只有日本北海道渔场，亲潮寒流与日本东北岸外的黑潮暖流交汇扰动海水，带来充裕的饵料，加上寒暖流形成的"水障"，导致鱼群在此相对集聚，使该渔场一直维持着较充足的资源量。为了让海洋中的鱼类有充足的繁殖和生长时间，每年在规定的时间内，禁止任何人在规定的海域内捕捞，以保护鱼类生长，并形成制度，即休渔制度。休渔制度因地制宜，在各海区、海域都不同，甚至每年都会有些变化。休渔制度的实施，使鱼苗得到了有效的保护，对于资源的恢复有着十分重要的意义。

追忆海洋药物开发的悠久历史，会发现我国是最早利用海洋药物的国家。《神农本草经》、《本草纲目》、《本草纲目拾遗》一脉相承，但早年的资料散见于相关文献中，系统的阐述不多见。2009年，由中国海洋大学管华诗院士主持编纂的《中华海洋本草》问世，这是国内首部大型海洋药物经典著作。

海洋里有很多具有独特营养价值、含有众多生物活性物质的海洋生物，成为海洋药物研究和开发的宝库，不愧为人类的天然药箱。目前，我国已成功地从海洋动植物体内提炼、制得多种新型海洋药物。通过从海洋生物体内筛选、提炼的新型抗HIV药物、抗老年痴呆药物，已在研发中。海洋蕴涵的海洋药物种类繁多，已发现的实可谓九牛一毛，还有更大的潜力有

海参

待发掘。21世纪是海洋的世纪,蓝色药业前景广阔。

二、海洋矿物资源

亿万年前,大洋底部喷"金"吐"银",为人类留下了丰厚的海底矿藏:砂矿、石油、天然气、多金属结核、可燃冰……海洋静默无言,为地球儿女守护着千万年沉淀下来的珍宝,只等人们去发现。

1. 滨海砂矿

当你在海边散步时,你会想到在离你不远处的砂层中就可能埋藏着丰富的稀有矿藏吗?

原来金刚石、砂金、砂铂、钛铁矿、石英、锆石、独居石以及金红石等都会在滨海地带富集成矿。浅黄,天蓝,黑,玫瑰红,海砂中的金刚石灿烂夺目,多被打磨成宝石,其最大用途却在于可以制成钻头,用于勘探和加工光学仪器。石英中的硅

滨海矿砂

是一种半导体材料,可作为整流元件和晶体管的理想材料。海底砂开采中,也许还会遇到意外的闪光——金,砂金常常与磁铁砂等相伴而生。

全球滨海砂矿储量丰富,仅我国就有砂矿床191个,总探明量达16亿多吨,矿种多达60多种,几乎世界上所有海滨砂矿的矿物在我国沿海都能找到。

2. 龙宫寻宝

在我国古代神话传说中,龙宫是藏珍集宝之地,现实中的海底也是巨大的矿物资源宝库。按照矿物资源形成的海洋环境和分布特征,

主要有滨海砂矿、海底固结岩层中的矿藏、海底石油和天然气、磷钙石和海绿石、大洋多金属结核和富钴结壳、海底热液矿、天然气水合物等。

3. 海底固结岩层中的矿藏

晶体硫

海底固结岩层中的矿产，大多属于陆上矿床向海下的延伸。目前世界上已有 10 多个国家在 100 多个矿区开采海底固结岩层中的矿藏，但主要是储量较大的硫矿、煤矿和铁矿，或者是市场上较紧缺、经济价值较高的锡、镍、铜、汞、金、银、钨等金属矿产。

硫矿常储存在盐丘顶部。当盐丘穿过上覆沉积物缓缓向上移动时，逐渐接近水层，盐开始溶解，硫酸钙因难以溶解而保存下来，再经过生物作用和化学作用释出钙和氧，从而形成了硫矿。美国对硫矿比较重视，濒临墨西哥湾的路易斯安那州已在开采这种资源。

4. 海底石油和天然气资源

石油和天然气是成分复杂的碳氢化合物的混合物，在自然界中以液态存在的称为石油，以气态存在的称为天然气。

石油和天然气是遍及世界各大洲大陆架的矿产资源。尤其石油，是最重要的传统海洋矿产资源，被称为"工业的血液"。据报告，全球已探明的海洋石油储量为 11 376 亿桶，天然气储量

海上钻井平台

为 155 万亿立方米。海底油气资源主要分布在大陆架、大陆坡和边缘海盆地。

5. 海底油气的成因

海底油气藏的形成包括油气的生成、运移和储集等一系列复杂过程。海底沉积物内富含有机残余物。这些有机碎屑随同泥沙沉到海底后,富含有机物的细粒沉积在缺氧的环境下化学性质发生转变。微生物活动是这种转变的主要因素之一。石油生成需要 50℃以上的温度、一定的压力和漫长的时间,所以海洋石油往往产自海底之下数千米的地层中。

沉积岩内生成的烃类,经过运移进入多孔粗粒的沉积层或有孔隙和裂隙的岩层内聚集。

6. 石油滚滚气腾腾

海洋是石油和天然气的另一个聚宝盆。近 40 多年来海上石油勘探工作查明,海底蕴藏着丰富的石油和天然气资源。目前,海上油气田总数已超过 500 个。波斯湾、马拉开波湖、北海成为海底石油开采产区的“三巨头”,仅波斯湾和马拉开波湖的石油储量就占世界海底石油总储量的约 70%。从第一个沉睡的油气源被“叫”醒起,人类开采海底油气源的脚步就未曾停止。从建造固定平台到“深海采油工”的海底采油装置,采油设备和方法不断完善。毕竟,石油和天然气是工业的“血液”和“氧气”。

油轮

我国的南海蕴藏着丰富的油气资源。南海海盆是世界上主要的沉积盆地之一,其中南沙海域就有约 41 万平方千米的沉积盆地,形成石油所需的生成、聚集、盖层保护和运移等条件样样俱佳;更难得的是,众多的成油条件在此形成了最佳匹配。据专家预测,南沙海域的石油资源量约为 351 亿吨,天然气资源量为 8 万亿～10 万亿立方米,其中曾母、沙巴、万安、巴拉望和礼乐等盆地的资源量尤其丰富,整个南沙海域蕴藏的油气资源至少值 1 万亿美元。

7. 潜力巨大的海底自生矿物

海底自生矿物是由化学、生物和热液作用等在海洋内生成的自然

重晶石

矿物,可直接形成或经过富集后形成,如磷钙石、海绿石、重晶石、大洋多金属结核和富钴结壳以及海底多金属(以锌、铜、钴、镍为主)硫化物热液矿床等。

磷钙石又称磷灰石或磷钙土,是一种富含磷的海洋自生磷酸盐矿物,是制造磷肥、生产纯磷和磷酸的重要原料。有些磷钙石还伴生有含量较高的铀、铈、镧等金属元素,技术条件允许时可综合利用。

海底磷钙石的形态有结核状、沙粒状和泥状,以磷钙石结核最重要。磷钙石结核是一些大小各异、形状多样、颜色不同的块体,直径一般几厘米,最大者可达五六十厘米。

8. 深海寻"锰"

多金属结核又被称为深海锰结核、锰矿球、锰矿瘤,发现之初被称为铁锰结核,是一种呈现黑色或褐色的铁锰氧化物和氢

多金属结核

氧化物的集合体。海底多金属结核的形状各异，有些形如土豆，有的形似花生，有的呈葡萄状，还有的像生姜。多金属结核的大小尺寸变化也比较悬殊，从几微米到几十厘米的都有，常见的为 0.5～25 厘米；重量大的有几十千克，最重的达数百千克。大部分结核都有一个或多个核心，核心的成分有的是岩石或矿物的碎屑，有的是生物遗骸；围绕核心生成同心状金属层壳结核，铜、钴、镍、钼等多种金属元素就赋存于铁锰氧化物层中。

9. 富钴结壳

富钴结壳又称锰结壳、铁锰结壳，是一种生长在海底硬质基岩上的富含钴、锰、铂等多金属元素的皮壳状铁锰氧化物和氢氧化物的沉积；其中，钴的含量特别高，通常被称为富钴结壳。富钴结壳大多呈层壳状，少数包裹岩块、砾石，呈不规则球状、块状、盘状、板状和瘤壳状。结壳厚度不大，一般为 0.5～15 厘米，平均为 2 厘米左右。结壳的颜色多数呈黑色或黑褐色，内部有平行纹层构造，反映其生长过程的环境变化。

富钴结壳含有钴、锰、铁、镍、铅、铜、钛、铂、钼、铬、铍、钒等几十种金属元素，其中钴含量高达 2%，比多金属结核中钴平均含量高3～5 倍。

富钴结壳一般产于海山、海岭和海底台地的顶部斜坡区，通常以坡度不大、基岩长期裸露、缺乏沉积物或沉积层很薄的部位最富集。

多金属热液原理简图

从地理分布看，它们局限于赤道附近的低纬度区，以中太平洋海山区最富集，在印度洋和大西洋的局部海区也有发现。

块状多金属硫化物形成于大洋中脊轴部的裂谷带。这里是板块扩张型边界。在扩张力作用下，裂谷带新洋壳存在许多张性断裂或缝隙，海水沿这些断裂或缝隙向下渗透，被地球深处热能加热,形成具有强溶蚀能力的高温(可达350℃～400℃)热液。高温热液在洋壳内循环上涌的过程中,从洋壳玄武岩中淋滤出多种金属元素。当这些富含金属元素的热液喷涌至海底时,物理化学条件发生了很大变化,特别是与冷海水相遇后,矿物质会快速结晶、析出,使热液中含有大量矿物颗粒。

10. 能源新秀——可燃冰

人类寻找能源的"雷达"早在20世纪70年代就追踪到海底。美国地质工作者在海洋中钻探时,发现了一种看上去像普通干冰的东西,当它从海底被捞上来后,很快就成为冒着气泡的泥水,而那些气泡却意外地被点燃,因为这些气泡里的气体就是甲烷。于是,这种类似干冰的东西被称为"可燃冰"。

"可燃冰"的学名叫天然气水合物,是甲烷、乙烯等可燃气体与水在低温(0℃～10℃)高压(50个大气压以上)环境下生成的冰晶状固体化合物。据测试,1立方米的可燃冰如果完全分解,可释放出150立方米的天然气,因此它被认为是21世纪最理想、最具有商业开发价值的新能源。

这是一种未来的全新洁净能源,它的形成与海底石油的形成过程相仿,而且密切相关。埋于海底地层深处的大量有机质在缺氧环境中,被厌氧性细菌分解,生成大量甲烷、乙烯等可燃气体。这些气体和沉积物中的水混合,如果压力和温度条件合适,就会生成可燃冰。海底数百米以下的沉积层内的温度和压力条件能使可燃冰处于稳定的固体状态。

在20世纪,日本、前苏联、美国均已发现大面积的可燃冰分布区。我国也在南海发现了可燃冰。据调查测算,我国南海的可燃冰资源量达700亿吨油当量,约相当于我国目前陆上油气资源总量的1/2。据统计,全球

可燃冰

海底可燃冰分布的范围为 4 000 万平方千米左右,约相当于海洋总面积的 10%,可燃冰是迄今为止海底最具开发远景的矿产资源之一。目前,可燃冰的开发技术问题还没有解决;一旦获得技术上的突破,可燃冰将加入世界能源的行列。

三、海洋动力能源

浩瀚无垠、运动不息的海水拥有巨大的可再生能源,可以通过各种方法将潮汐、波浪、海流、温差、盐度差转变成电能、机械能或其他形式的能量。世界海洋能的蕴藏量为 750 多亿千瓦。其中,波浪能占 93%,达 700 多亿千瓦;潮汐能 10 亿千瓦;温差能 20 亿千瓦;海流能 10 亿千瓦。这么巨大的能源资源是目前世界能源总消耗量的数千倍。这样看来,世界的能源未来将倚重海洋。

1. 潮汐能

潮汐能就是潮汐运动时产生的能量。早在唐朝,我国沿海地区就出现了利用潮汐来推磨的小作坊。11～12 世纪,法、英等国也出现了潮汐磨坊。到了 20 世纪,潮汐能的魅力被进一步发现,人们开始利用海水上涨下落的潮差能来发电。位于浙江温岭的

江厦潮汐试验电站

江厦潮汐试验电站是我国潮汐发电的国家级试验基地,总装机容量为 3 900 千瓦。

2. 波浪能

波浪能主要是由风的作用引起的海水沿水平方向周期性运动而

产生的动能以及波浪起伏的势能。波浪发电是波浪能利用的主要方式。据估计，全世界有近万座小型波浪发电装置在运转，仅日本就有 1 500 多座。有些国家已开始研制中、大型的波浪发电装置。

波浪发电装置

3. 海流能

持续不息的海流在其"漫游"的同时，也为我们提供了获得能量的契机。海流能蕴涵在流动的海水中，能量密度大，给力稳定。海流发电也受到许多国家的重视。美国、日本、加拿大等国在大力研究、试验海流发电技术。我国的海流发电研究也已经有样机进入中间试验阶段。

4. 海水温差能

在许多热带或亚热带海域终年形成 20℃ 以上的垂直海水温差，利用这一温差可以实现热力循环并发电，足以转换为 20 亿千瓦的电能。目前在世界温差能领域，以美国和日本的技术最为先进。两国先后研建了一些示范性温差能电站，如开环路温差能电站等，而闭环路的温差能发电的前景更为广阔。

海水温差能发电装置

四、海洋交通运输

人类的祖先刳木为舟，借用树木、葫芦艰难过河。我国夏朝到春秋时期，木板船开始应用于运输和战争，不畏艰险的徐福船队东渡日本，浩浩荡荡的西汉海船远航印度洋……西方的风帆船则在古埃及应运而生，造福于海上贸易。

公元前 4 000～前 2 000 年，地中海水域崛起了腓尼基、迦太基、希腊、罗马等海上强国。腓尼基和迦太基先后建立沿海贸易商站，控制航线，垄断海运；古希腊人鼓励海运，大量贸易船只出现；古罗马专营粮食运输，对东方货物征收关税。

到了中世纪，意大利用武力占领航线要点，垄断航运；英国则用差别关税和航海条例保护本国海运；我国唐朝后期对外国商船开放，宋朝的"饶税"政策加快了远洋船舶的周转。这个时代，我国航海业全面繁荣、海上丝绸之路远达红海与东非之滨。到明代永乐至宣德年间，郑和率领远洋船队，先后七次下"西洋"，造访亚非多国，其船队规模之大、船舶之巨、航路之广、航技之高在当时无与伦比，在整个人类航海史上竖起了一座丰碑。

历史的大钟转到了十五六世纪，地中海逐渐被冷落，大西洋则热闹起来，世界市场开始形成。西班牙和葡萄牙的三大海上探险活动确立了它们的海运强国地位。18 世纪末 19 世纪初的工厂制度和大机器生产的巨大需求，使海运业大大发展。19 世纪初，美国黑球轮船公司开始了近代的班轮运输。

广船模型

20 世纪以来，现代造船业不断发展，集装箱船舶、自卸船、"海上巨无霸"油船、破冰船等在海洋上你来我往，海上运输更加繁忙，为世界贸易注入新的动力。

20 世纪下半叶，海洋运输业日新月异。

船越来越大。在 20 世纪 60

年代，1万载重吨的船就可称为"万吨巨轮"；2000年末，世界上拥有10万载重吨的超大型油轮数百艘，包括3艘50万载重吨的特大型油轮。

航船

船越来越专业。客船、货船和油船不再形单影只，近20年来，集装箱船、滚装船、液化气船等专业化特种船舶迅速增多。

船越来越快。速度30节以上的小型高速气垫船、水翼船、水动力船、喷气推进船快速研制并大量投入使用。当前的集装箱船速度为25～30节，大约比过去的普通货船快一倍。

海上航船

船越来越高级。计算机无处不在，从船舶在机舱设置集中控制室到出现无人值班机舱和驾驶台对主机遥控遥测，船舶机舱自动化成为趋势。全球定位系统（GPS）使得精确航行实现；船用雷达则大大减少了因船舶识别和避碰决策失误引起的事故；全球海事遇险与安全系统（GMDSS）还能提供紧急与安全通信业务和海上安全信息的播发，以及进行常规通信。海洋运输由海上暴力、保护主义筑起的壁垒被开放、自由的国际现代化独立产业所取代，世界人民共享海洋，让世界财富在国际航线、世界港口、现代化船舶中熠熠生辉。

第三部分　海洋生物篇

一、海洋哺乳动物

海洋哺乳动物是哺乳动物中适于海栖环境的特殊类群，是海洋中胎生哺乳、肺呼吸、体温恒定、前肢特化为鳍的脊椎动物，通常被人们称作海兽。海洋哺乳动物主要包括鲸目、海牛目、鳍脚目；另外，海獭也属于海洋哺乳动物。

海洋哺乳动物

鲸目包括鲸和海豚，是所有哺乳动物中最适应水栖生活的一个分支，它们外形和鱼相似，已经完全不能在陆地上生活。

一角鲸

一角鲸生活在北极人迹罕至的冰冷海洋中，是世界上最为神秘的物种之一，亦被称为海洋中的独角兽。一角鲸一般体长4～5米，1吨多重，背黑腹白。雄性一角鲸的左牙会长成一颗长达3米的螺旋状长牙。它们繁殖率较低，一般3年产1头小鲸。一角鲸是一种齿鲸，觅食的时候鲸群会有组织地把鱼群驱赶在一起,然后捕食。

　　蓝鲸也被称为"剃刀鲸",因其身体看起来像一把剃刀而得名。蓝鲸舌头上能站 50 个人,心脏和小汽车一样大,动脉可以让婴儿爬过,刚生下的幼崽比一头成年大象还要重!最大的蓝鲸有 33 米长,重 190 吨!蓝鲸属于世界性分布,以南极海域较多;现分为 3 个亚

蓝鲸

种:南蓝鲸、北蓝鲸、小蓝鲸。

　　座头鲸外貌奇异、智力出众、听觉敏锐,更因为能发出多种声音而被称为海上"歌唱家"。座头鲸体型肥大,背部呈黑色,有黑色斑纹,向上弓起而不平直,因此又名"弓背鲸"或"驼背

座头鲸

鲸"。座头鲸每年都要进行有规律的南北洄游,即夏季到冷水海域索饵,冬季到温暖海域繁殖,而且两个地方距离可达 8 000 千米之远,被称为"远航冠军";分布于太平洋一带,偶见我国黄海、东海、南海海域。

　　抹香鲸是世界上最大的有齿鲸类,被誉为动物王国中

抹香鲸

的"潜水冠军"。抹香鲸长相奇特,头重尾轻,巨大的头部占体长的1/4～1/3,具有动物界中最大的脑;头顶部左前方有两个鼻孔,但只有左侧的鼻孔能呼吸,右侧的鼻孔天生阻塞,因此水雾柱总以约45°角向左前方喷出。抹香鲸有很高的经济价值,其中龙涎香是珍贵香料的原料,常用于香水固定剂,也是名贵的中药。抹香鲸在全球各大海洋中均有分布。

海豚

海豚身体呈流线型,长度一般为2米左右,背鳍呈镰刀状。海豚的种类很多,有将近62种。我们最常见的海豚是宽吻海豚,也就是海洋馆中常用于表演的海豚。海豚生活在温暖的近海水域,喜欢群居,少则10余头,最多可达数百头。

鳍脚目是水栖性的食肉动物,牙齿和陆栖的食肉动物相似,但是四肢呈鳍状,身体呈纺锤形,非常适于游泳。鳍脚目现存有三个科,即海狮科、海豹科和海象科。

海狮

海狮颈部生有鬃状的长毛,叫声很像狮子吼,所以叫做海狮。海狮有南美海狮、北海狮等14种;其中,北海狮是海狮中体型最大的,素有"海狮王"的美称。海狮多喜群居活动,常常由一只雄海狮带领一群"嫔妃海狮"共同生活,雄海狮犹如国王一般!海狮可以潜入180米深的海水中,帮助人类打捞东西是其拿手好戏;同时，它还可以进行水下军事侦察和海底救生等。

海豹

海豹是一种小型鳍足类食肉海兽，头部钝圆，形似家犬，但没有外耳廓，在头部两侧仅剩下耳道，潜水时耳道外面的肌肉可自由关闭，防止海水进入耳朵；眼睛又大又圆，炯炯有神；体长 1～2 米，体重 20～150 千克。海豹在陆地上移动非常笨拙，前肢支撑起身体，后肢就像累赘一样拖曳在后面，身体弯曲爬行，非常有趣。海豹的食性比较广泛，鱼类、头足类软体动物和甲壳类都是它们钟爱的食物，为维持体温和提供运动能量消耗，海豹每天要吃掉相当于自己体重 1/10 的食物。海豹遍布全球各海域，南极沿岸数量最多。

海象——顾名思义，就是"海洋中的大象"。它们和陆地上的大象一样，都是体型庞大的动物，皮厚且有很深的皱纹。它们"身高"一般为 3～4 米，重为 1 300 千克左右。与陆地上的大象不同的是，它们的四肢已经退化为鳍，在海里游泳的本领令人刮目相看！当海象深潜到海底寻觅食物时，巨大的獠牙不断地翻掘泥沙，敏感的嘴唇

海象

和触须随之探测、辨别，碰到它们喜欢的食物如乌蛤、油螺等，就用牙齿将它们的壳咬碎，把肉吸入嘴中。海象在北冰洋、太平洋和大西洋都有分布。

海牛目是适应海洋生活的植食性动物，它前肢呈鳍状，后肢进化

海牛

为尾鳍,不能上岸。

海牛虽是塑造美人鱼的原型,但与童话中的美人鱼相比,其"面相"实在是令人不敢恭维:厚厚的上嘴唇上翘,小小的眼睛,坍塌的鼻梁,大大的鼻孔;脖子很短,没有外耳廓,口的四周长着胡须;臃肿的身体呈钢灰色,尾扁平而宽大,可以说是个十足的丑八怪。现在世界上有3种海牛,即南美海牛(巴西海牛)、北美海牛(加勒比海牛、西印度海牛)、西非海牛;其中,南美海牛生活在河流中,是淡水海牛。

海獭是食肉目中唯一的海栖动物,是鼬鼠家族里的明星成员。它头脚较小,身高不到1.5米,却有一条超过体长1/4的尾巴,体重为40多千克,属于海洋哺乳动物中最小的种类。虽然海獭身上的脂肪层厚度远不如鲸类,仅占体重的1.8%,但海獭有着厚实无比的皮毛,即使在深水里也滴水不透!海獭几

在水面休息的海獭

乎一生都在海上度过,常躺在海面上漂泊,是唯一经常仰泳的海洋哺乳动物。海獭在北太平洋的寒冷海域均有分布。

二、海洋鱼类

你能认识几种海鱼?会发光的,会放电的,会治病的,会飞的,它们各种各样的本领让人目不暇接,穿梭不停的身影给海洋带来一派热闹景象,海洋鱼类就是海里的主要居民。海洋鱼类有1.2万余种。它

们是一种用鳃呼吸，用鳍运动，体表被有鳞片，能变温的海洋脊椎动物。鱼纲分两大类群：软骨鱼类和硬骨鱼类。

大白鲨

　　大白鲨又称噬人鲨、白死鲨，是大型进攻性鲨鱼。因大白鲨体型庞大且极具攻击性而被称为"海洋杀手"，在海洋世界中极负盛名，无人不知，无人不晓。作为大型的海洋肉食动物之一，大白鲨有着独特冷艳的色泽、乌黑的眼睛、尖利的牙齿和有力的双颚，这让它们成为世界上最易于辨认的鲨鱼。

　　鲸鲨是最大的鲨，而不是鲸。它们用鳃呼吸，是鱼类中体型最大者，通常体长在 10 米左右。鲸鲨的个性相当温和，不会对人类造成重大的危害，还会与潜水人员嬉戏。鲸鲨体呈稍纵扁

鲸鲨

的圆柱状，体灰色或褐色，体侧隆嵴明显；头扁平而宽广；下侧淡色，具明显黄或白色小斑点及窄横线纹，俗称"金钱鲨"；一般在水面缓慢游动。

　　海马是最不像鱼的鱼，因头部酷似马首而得名；体长一般为 10～30 厘米，身体侧扁，完全包于骨环中；尾部细长，能

海马

卷曲;头部弯曲,与身体成一大钝角或直角;吻呈管状,口小,鳃孔小。海马可以用一只眼睛监视来敌,另一只则用来寻找食物,它们的尾鳍完全退化,小而几乎透明的鱼鳍可使海马上下左右移动,但速度很慢。我国沿海海马的种类有克氏海马、刺海马、冠海马、三斑海马等。

河鲀是一种非常美味的鱼,但身上有剧毒。河鲀的身体短而肥厚,生有很细的小刺。它们上、下颌的牙齿都是连接在一起的,就像一块锋利的刀片,这使河鲀能够轻易地咬碎硬珊瑚的外壳。河鲀的两只眼睛一只用来追捕猎物,另一只可以用来放哨,这一特点与

河鲀

海马相似。在遇到危险时,河鲀会迅速地吸气,并膨胀成圆鼓鼓的状态——诈死,这样又使得捕食者无从下嘴,河鲀就可逃过一劫。在我国,常见的有红鳍东方鲀、黄鳍东方鲀、虫纹东方鲀、暗纹东方鲀等。

金枪鱼群

金枪鱼又叫做"吞拿",是一种大洋暖水洄游性鱼,体形呈纺锤形,横断面呈圆形。金枪鱼的鳞退化成了小圆鳞,而尾部强劲的肌肉及新月形尾鳍也成就了金枪鱼快速游泳的本领,一般时速为 30～50 千米,最高时速可达 160 千米。金枪鱼能做跨洋环游,因此被称为"没有国界的鱼"。金枪鱼是热血鱼类,体温高且新陈代谢旺盛。

大麻哈鱼又名鲑鱼，体侧扁，背鳍起点是身体的最高点，从此向尾部渐低弯；吻端突出，微弯，形似鸟喙；口大，内生尖锐的齿，是凶猛的食肉鱼类。大麻哈鱼9月

大麻哈鱼

份进入江河支流时体色银白或散布小黑点，两侧有暗色横条纹，生殖季节颜色变鲜艳；生活在海洋时，体呈银白色。我国的黑龙江畔盛产大麻哈鱼，是"大麻哈鱼之乡"。

海鳗

海鳗也叫做尖嘴鳗、乌皮鳗、九鳝、门鳝、狼牙鳝、勾鱼等，是海洋里一种非常凶猛的生物，长相可怕，性情残暴；一般体长50厘米以上，身体呈长圆筒形，头尖长，后部侧扁。它们的眼大，近圆形，眼间隔微隆起。最引人注目的是它们的口大，上颌突出，略长于下颌，两颌牙强大而锐利，均为三行。海鳗性情凶猛，贪吃，水质清澈时喜欢蜗居在洞穴里，而一旦风浪把水质弄浑浊后就趁乱四处觅食。

带鱼的体型正如其名，侧扁如带，呈银灰色；背鳍及胸鳍呈浅灰色，有很细小的斑点，尾巴为黑色。带鱼头尖口大，到尾部逐渐变细，好像一根细鞭，全长1米左右，游动时不用鳍

带鱼

划水,通过摆动身躯向前运动,行动自如。渔民都知道,带鱼之间经常出现自相残食的现象。每当带鱼饥饿的时候,不管是父母、兄弟一概翻脸不认人,强者吃弱者,实力差不多的就相互搏斗,直到两败俱伤或一伤一亡方才罢休,真可谓"六亲不认"。

真鲷

真鲷又叫做加吉鱼、红加吉、铜盆鱼、大头鱼、小红鳞等,是中外驰名的名贵鱼。真鲷身体侧扁形,一般体长为15~30厘米,体重为300~1 000克;身体被淡红色鳞片覆盖;尾鳍后缘为墨绿色,体侧背部散布有鲜艳的蓝色斑点,游泳时闪现蓝光,色泽优美。真鲷肉含有大量的蛋白质,味道特别鲜美。真鲷为近海暖水性底层鱼,它们喜欢栖息于水质清澈、藻类丛生的岩礁海区,结群性强,游泳迅速;有季节性洄游习性,表现为生殖洄游。

黄花鱼又名花鱼,鱼脑中有两颗坚硬的石头,叫做耳石,故又名石首鱼。鱼腹中的白色鱼鳔可做鱼胶,有止血之效,能防治出血性紫癜。黄花鱼分为大黄花鱼和小黄花鱼。在我国,大黄花鱼分布于黄海南部、东海和南海,小黄花鱼分布于黄海、渤海、东海。

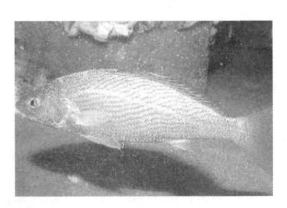

黄花鱼

三、海洋鸟类

它们是"上帝"派到人间的精灵,拥有一双令所有动物羡慕的翅膀;风急浪高的海面上,它们就像往返于海面和天堂的使者,给航行的人们带来飓风和暴雨的消息，带领船只走出礁石和漩涡，它们就是可爱的海洋鸟类。

海鸥

海鸥是海上的白色精灵，不少摄影作品中都有它们的身影。海鸥身长为 38～44 厘米，翼展为 106～125 厘米，寿命为 24 年。成鸟的羽毛有夏羽与冬羽之分。夏羽头颈部为白色，背肩部呈石板灰色，下体纯白色。成群的海鸥时常在海边欢腾雀跃，有的落在海面上静躺休憩，随波逐流，像一艘艘白色的小船，很是惬意。海鸥也捕食岸边小鱼，或拾取岸边及船上丢弃的剩饭残羹；部分大型鸥类会掠食同种或其他鸟类的幼雏。

信天翁

信天翁是一类大型海鸟，有 4 个属 21 种，也被称为海鸳；栖息于海洋，尤善飞行，有"滑翔冠军"之称。信天翁体长为 68～135 厘米，双翼展开为 178～350 厘米；白色，翼尖深色；多以土筑巢，并衬有羽毛和草，有些种类则不筑巢；一窝单卵，白色。阿岛信天翁和新西兰信天翁目前被列为"极危"；短尾信天翁因人类征集它们的羽毛而几近灭绝，现已被列入《濒危野生动植物物种国际贸易公约》；黑背信天翁由于居住的岛屿成为美国的空军基地，只能在军事基地和机场跑道周围营巢。

帝企鹅是企鹅中的帝皇。在南极洲一望无际的冰原上，居住着庞大的企鹅族群。皇帝企鹅，简称帝企鹅，是企鹅中体型最大的一个种类。它们背黑腹白、喙赤橙色，脖子底下有一片橙黄色羽毛，好像系了

帝企鹅

野鸭子般大小，脚上长着便于划水的蹼。贼鸥羽毛颜色存在差异：在北方贼鸥仅生活在大西洋苏格兰至冰岛地区，羽毛稍呈锈红色；在南方生活的贼鸥，羽毛颜色从灰白色到浅红色再到深褐色。贼鸥敏捷而行动迅速，因极具掠夺性，被冠以"强盗"的恶名。贼鸥是企

一个领结，举止从容，一派君子风度。企鹅属于鸟类，却不能飞翔，翅膀演化成游泳的鳍肢。帝企鹅在陆地上行走笨拙无比，但在水里却十分灵活，能飞快地游动、敏捷地捕捉小鱼和磷虾。

贼鸥是一类具有掠食性的海鸟，有 5 个种类。贼鸥如同

贼鸥

鹅的两大天敌之一。在企鹅繁殖季节，贼鸥经常突袭企鹅的栖息地，叼食企鹅的蛋和雏鸟，闹得鸟飞蛋打、四邻不安。

军舰鸟是一种大型海洋性鸟，外貌奇特，翅膀细长，展开后可达 2.3 米。雄鸟全身黑色，闪烁着绿紫色的金属光泽，喉囊红色。雌鸟胸和腹部为白色，嘴玫瑰色，羽毛缺少光泽，体型大于雄鸟。军舰鸟胸肌发达，善于飞翔，是世界上飞行最快

军舰鸟

的鸟。它们时常在空中飞翔，看到其他种类的鸟捕鱼归来，就凭借高超的飞翔技术突然袭击，迫使这些鸟放弃口中的鱼虾，然后急速俯冲，将下坠的鱼虾据为己有。由于军舰鸟的这种"抢劫"行为，人们贬称它为"强盗鸟"。

四、海洋虾蟹

中国对虾

"秋风响，蟹脚痒"，自古以来虾蟹就是人们盘中的珍馐美味。其实，海洋虾蟹除了味道鲜美外，更有许多为人类所不知的"秘密"……

中国对虾常被称为对虾或中国明对虾，是我国的特产，主要分布于黄渤海。中国对虾体形侧扁。通常雌虾个体大于雄虾，甲壳光滑透明。雌体青蓝色，雄体呈棕黄色。中国对虾全身由20节组成，除尾节外，各节均有附肢一对；头胸甲前缘中央突出形成额角，额角上、下缘均有锯齿。

龙虾

龙虾，也称作大虾、龙头虾、虾王等，主要分布于温暖海域，是一种名贵海产品。龙虾体长一般在20～40厘米之间，是虾类中最大的一类，最重的能达到5千克以上；体呈粗圆筒状，头胸部较粗大，外壳坚硬，色彩斑斓；腹部短而粗，后部向腹面卷曲，尾扇宽短呈鳍状用于游动，尾部和腹部的弯曲活动可使身体前进；胸部具五对足，其中一对或多对常变形为不对称的螯；眼位于可活动的眼柄上，有两对长触须角。龙虾生性好斗，在饲料不足或争夺栖息洞穴

口虾蛄

时,往往会出现恃强凌弱的现象。

口虾蛄是生活在海边的人们非常熟悉的一种虾,又称皮皮虾、爬虾、虾耙子等。口虾蛄身体分节,头胸甲前缘中央有一片能活动的梯形额角板,其前方是具柄的眼和触角节;胸部具8对附肢,前5对是颚足,后3对是步足,其中第二颚足特别强大,是捕食和御敌利器,称为掠肢;腹部宽大,共6节,前5腹节各有一对腹肢,具鳃,有游动和呼吸的功能,最后是宽而短的尾节;尾肢与尾节构成尾扇,除游动外,还可以掘穴和御敌。

三疣梭子蟹的体色随周围环境而变化,生活于砂底的个体呈浅灰绿色,生活在海草间的体色较深;头胸甲呈梭形,稍隆起;表面有三个显著的疣状隆起,因而得名"三疣梭子蟹";前鳃区具一圆形白斑,螯足背部和步足呈鲜蓝色并布有白色斑点;步足和螯足的指节则为红色;腹部扁平,雄蟹呈三角形,雌蟹呈圆形,均为灰白色;杂食性动物,昼伏夜出,具有明显的趋光性,鱼、虾、贝、藻均可为食,也捕食同类,喜食动物尸体。

三疣梭子蟹

五、海洋贝类

美丽古老的鹦鹉螺,营养珍贵的鲍鱼,变色迅速的章鱼,喷吐墨汁的乌贼……海洋贝类大部分可以食用。比如,扇贝的闭壳肌晒干后即为干贝,是餐桌上的美味。还有的贝类能够孕育珍珠,如珍珠贝。它们全身都是宝,在海洋捕捞和水产养殖中扮演着非常重要的角色。

鹦鹉螺，一个特别的名字，一种神奇的生物，早在 4.5 亿年前就广泛生活于地球。自诞生以来，虽然经过数亿年的演变，但外形和习性变化很小。鹦鹉螺现存数量不多，有"活化石"之称，是国家一级保护动物。鹦鹉螺的外表非常美丽，壳左右对称，呈螺旋形盘卷，外表光滑呈白色或乳白色，从壳

鹦鹉螺

的脐部辐射出红褐色的火焰状斑纹，看起来很像鹦鹉的头部。鹦鹉螺的壳十分美丽，因此，贩卖鹦鹉螺壳工艺品的现象在我国沿海一些城市都出现过。虽然国家已经采取了许多措施，但非法经营鹦鹉螺的行为却屡禁不止。神奇的鹦鹉螺，它们那来自远古的美丽，一定要持续下去！

鲍鱼

鲍鱼，主要由背部坚硬的外壳和壳内柔软的内脏与肉足组成。其肉足的吸着力相当惊人，一个壳长 15 厘米的鲍鱼，其足的吸着力高达 200 千克，任凭狂风巨浪袭击，都不能把它掀起。捕捉鲍鱼时，只能乘其不备，以迅雷不及掩耳之势用铲铲下或将其掀翻；否则，即使砸碎它的壳也休想把它从附着物上取下来。欧洲人生吃鲍鱼，并把鲍鱼誉作"餐桌上的软黄金"。我国清朝时期，宫廷中就有所谓"全鲍宴"。

章鱼身体一般很小，8 条腕足又细又长，故又有"八爪鱼"之称。它的 8 条腕足上均有两排肉质吸盘，能有力地握持他物。章鱼是地球上曾经出现的与人类差异最大的生物之一。章鱼有很发达的眼睛，这

章鱼

是它们与人类唯一的相似之处。它们在其他方面与人很不相同：章鱼有三个心脏、两个记忆系统（一个是大脑记忆系统，另一个记忆系统则直接与吸盘相连）。章鱼可以随时快速地变换自己皮肤的颜色，使之和周围的环境

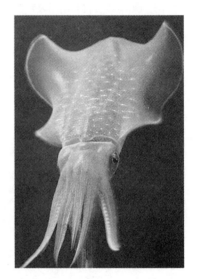

乌贼

协调一致；即使受伤，它们仍然有变色能力。

乌贼，又称墨鱼、墨斗鱼或花枝，是头足类中最为杰出的放烟雾专家。乌贼体表有一层厚的石灰质内壳（俗称乌贼骨、墨鱼骨或海螵蛸）。乌贼的游动方式很有特色，素有"海中火箭"之称，在逃跑或追捕食物时，最快速度可达 15 米 / 秒。乌贼共有 10 条腕，其中 8 条是短腕、2 条是长触腕。长触腕用于捕食，并能缩回到两个囊内；腕及触腕顶端有吸盘。平时，它们遨游在大海里专门吃小鱼、小虾。乌贼还有一套施放烟幕的绝技。乌贼体内有一个墨囊，囊内储藏着分泌的墨汁，一旦有凶猛的敌人向它扑来时，它们就紧收墨囊，射出墨汁，使海水变得一片漆黑，并趁机逃之夭夭。

牡蛎，俗称蚝，别名蛎黄、海蛎子；世界上总计有 100 多种，我国沿海有 20 多种。现在人工养殖的主

牡蛎

要有近江牡蛎、长牡蛎、褶牡蛎和太平洋牡蛎等。牡蛎的两壳较大，形状不同，表面粗糙，暗灰色，边缘较光滑；上壳中部隆起，下壳附着于其他物体上；两壳的内面均白色光滑。牡蛎肉素有"海底牛奶"之美称。牡蛎肉兼有细肌肤、美容颜及降血压和滋阴养血、健身壮体等多种作用，因此在诸多的海洋珍品中，许多人唯独钟情于牡蛎。

扇贝和贻贝、珍珠贝一样，用足丝附着在浅海岩石或沙质海底生

扇贝

活，一般一壳在上而另一壳在下平铺于海底。扇贝平时不大活动，但当感到环境不适宜时，能够主动地把足丝脱落，做较小范围的游动。扇贝为滤食性动物，对食物的大小有选择能力，但对种类无选择能力。扇贝的壳面一般为紫褐色、浅褐色、黄褐色、红褐色、杏黄色、灰白色等，肋纹整齐美观，是制作贝雕工艺品的良好材料。

六、其他海洋生物

海洋生态系统纷繁复杂，令人眼花缭乱的动物、植物、微生物从不同侧面彰显着海洋的浩瀚广博和变化莫测，更有"活化石"生物如鲎等依然留存着地球远古的记忆……

海龟是动物中的长寿之星，年龄可达几百

海龟

岁,沿海的人将其作为长寿的象征,有"万年龟"之说。海龟在2亿多年前就出现在地球上了,是有名的"活化石"。所有的海龟都被列为濒危动物,我国也将生活在中国海域的海龟列入国家二级重点保护动物。大海中生活着7种海龟:棱皮龟、龟、玳瑁、橄榄绿鳞龟、大海龟、绿海龟、丽龟和平背海龟。海龟最独特的地方就是龟壳,它可以保护海龟不受侵犯,让海龟在海底自由游动。海龟在吃食物的同时也会吞下海水,这样便摄取了大量的盐,在海龟泪腺旁的一些腺体会排出这些盐,造成海龟在岸上的"流泪"现象。

中国鲎在春夏繁殖季节,雌体雄体一旦结为"夫妻"便形影不离,肥大的雌体常常驮着瘦小的雄体蹒跚而行,故此,它们又有"海底鸳鸯"的美称。鲎长相奇特,形似蟹,身体呈青褐色或暗褐色,包被硬质甲壳;身体由头胸部、腹部和剑尾三部分组成。大部分生

中国鲎

物的血液都是红色,鲎的血液却是极为鲜见的蓝色,这是因为它的血液中存在含有铜离子的血蓝蛋白。在这种蓝色的血液中提取的"鲎试剂",可以准确、快速地检测人体内部组织是否因细菌感染而致病;在制药和食品工业中,可用它对内毒素污染进行监测。

海星体扁呈星形,通常有5个腕,也有4个或者6个甚至多达40个腕的海星,在腕下侧长有密密的管足,嘴位于身体

海星

下侧中部，与管足在同一侧。海星体色不尽相同，最多的颜色有橘黄色、红色、紫色、黄色和青色等。海星分布广泛，在海边经常可以见到。

海星具有很强的自然再生能力，这是棘皮动物的一大特点。海星的腕、体盘受损后，都能够自然再生。

海参呈圆筒状，全身长满肉刺，广泛分布于全球各海洋中。海参是一种古老而奇特的动物，具有很多神奇特性。海参深居简出，只在泥沙地带和海藻丛觅食。它们的食性也比较奇特，吃的是泥沙、海藻及微生物等。陆地上的一些动物，如青蛙、蛇类等在冬季"冬眠"，而海参则在夏季"夏眠"。

海参

海胆有一层精致的硬壳，壳上布满了许多刺样的棘，整个海胆就像一只刺猬。棘可以活动，它的功能是保持壳的清洁、运动及挖掘沙泥等。除了棘，一些管足也从壳上的孔内伸出来，用于摄取食物、感觉外界情况等。海胆的形状有球形、心形和饼形。海胆可食用、药用，但是不少种类的海胆是有毒的。例如，生长在南海珊瑚礁间的环刺海胆，其粗刺上有黑白条纹，细刺为黄色，在细刺的尖端生长着一个倒钩，倒钩一旦刺进人的皮肤，毒汁就会注入人体，细刺也就断在皮肉中，使皮肤局部红肿疼痛，甚至使人出现心跳加快、全身痉挛等中毒症状。

海胆

珊瑚虫是一种腔肠动物，

珊瑚

身体呈圆筒状，有8个或8个以上的触手，触手中央有口。珊瑚多群居，死后结合成一个群体，形状像树枝，也就是我们所说的珊瑚。无数珊瑚虫尸体腐烂以后，剩下群体的"骨骼"，珊瑚虫的子孙就一代代地在它们祖先的"骨骼"上面繁殖，形成了各种各样的珊瑚。我国南海的东沙群岛和西沙群岛，印度洋的马尔代夫岛，南太平洋的斐济岛以及闻名世界的大堡礁，都是由小小的珊瑚虫建造的。

水母外形简洁，像一把透明伞，有些带有各色花纹。伞状体直径有大有小，普通的为20～30厘米，大水母的伞状体可达2米；伞状体边缘长有

水母

触手，有的可长达20～30米，上面布满刺细胞用来捕捉及麻痹猎物。水母分为钵水母亚纲、十字水母亚纲、立方水母亚纲三个亚纲，现有200多种。

红树林是一种很特殊的生物群落，对自然环境有重要的调节作用。红树林中的树木不是单一的，往往由几种组成，如红树科、海桑科、马鞭草科等，

红树

其共同特点是具有一定的耐盐能力。在我国，红树林主要分布在广东、广西、台湾、海南等地。海水涨潮时，红树林植物的树干就会被海水淹没，只能看见露在海平面上枝叶茂盛的树冠；而落潮时，则形成了一片绿油油的海滩森林，翠叠绿拥。

　　海带是生活中比较常见的海洋蔬菜，含碘高，有"碱性食物之冠"

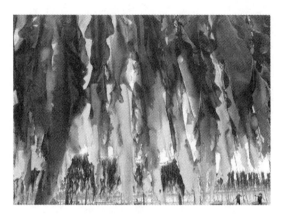

海带

的称号。海带属于褐藻，藻体带状，一般长为2～6米、宽为20～30厘米。藻体分为固着器、柄部和叶片三部分；柄部粗短，叶片宽大，中间厚为2～5毫米，两缘较薄有波状皱褶。在自然状况下海带生长期是2年，在人工养殖条件下生长期是1年。

　　紫菜由固着器、柄和叶片三部分组成；叶片薄膜状，大多只由一层细胞组成，体长因种类而异。藻体中含有叶绿素、胡萝卜素、叶黄素、藻红蛋白、藻蓝蛋白等色素，含量比例的差异导致不同种类呈现紫红、棕红、棕绿等颜色，总体上以紫色居多，因而称为"紫菜"。

紫菜

　　浒苔是一种大型绿藻，约有40种，在我国常见种类有缘管浒苔、扁浒苔、条浒苔，分布广泛，生长在中潮带滩涂、石砾上。由于全球气候变化、水体富营养化等原因，近几年海洋浒苔绿潮频频暴发，阻塞航道，破坏海洋生态系统，严重威胁沿海渔业、旅游业发展，人们不得不

浒苔

耗费大量的人力物力进行清理。

海洋微藻是指一些个体较小的单细胞或群体的海洋藻类。它们种类繁多，广泛分布于陆地上和海洋里，目前有2万余种，如绿藻、蓝藻、硅藻、甲藻等。海洋微藻都是光合作用度高的自养性植物，是海洋生态系统中的主要生产者，产生的代谢物种类繁多。海洋微藻细胞中含有蛋白质、脂类、藻多糖、β-胡萝卜素、多种无机元素等高价值的营养成分。海洋微藻经过生物冶炼可开发出生物柴

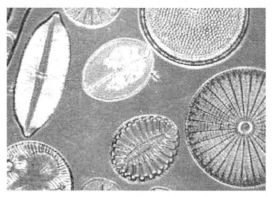

海洋微藻

油，直接用于工农业和交通领域。有专家认为，海洋微藻的能源化利用，有望成为"后石油时代"破解能源危机的一把钥匙。

海洋细菌是一类生活在海洋中的不含叶绿素和藻蓝素的原核单细胞生物，是海洋微生物中分布最广、数量最大的一类生物，有球状、杆状、螺旋状和分支丝状等形态。在海洋食物链中，海洋细菌多数是分解者，有一部分是生产者，因而具有双重性，参与海洋物质分解和转化的全过程。如果没有海洋细菌，海洋的生物链系统将面临崩溃。

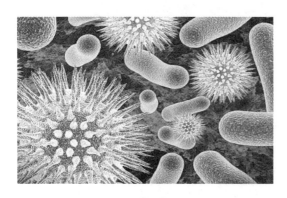

海洋细菌

第四部分　奇异海岛篇

我们生活的"蓝色星球",71％为海洋覆盖。浩淼碧波之上,海岛姿态各异,星罗棋布,总面积约为997万平方千米。据1982年《联合国海洋法公约》第121条规定:"岛屿是四面环水并在高潮时高于水面的自然形成的陆地区域。"而根据我国的国家标准,海岛则是被海水包围的陆地。按照分布形态,海岛可分为群岛和岛。群岛是指彼此距离很近的岛屿构成的群体。若群岛的排列呈线形或弧形,则称为列岛或岛弧。世界上主要的群岛有50多个,在四大洋中均有分布,以太平洋中的群岛最多(19个)。海岛及其周围蕴藏着丰富的生物、水产、矿产、空间和旅游资源,是各国经济和社会可持续发展的重要保障。所以,海岛又被称为"战略国土"。

世界上最大的岛屿格陵兰岛位于北美洲东北部、北冰洋与大西洋之间,面积达217.56万平方千米,世界第二大岛新几内亚岛(伊里安岛)的面积只及它的1/3。格陵兰岛,丹麦语意为"绿色的土地",但实际上,那里极其严寒,最低温度达到零下70℃,是地球上仅次于南极洲的第二个"寒极"。格陵兰岛的4/5处在北极圈内,其81％被巨厚的冰雪覆盖,冰雪的总容积达260万立方千米;假如这些冰全部融化,全球海平面就会整体升高6.5米。格陵兰岛全靠这厚厚的冰层,才高耸于海面之上。

世界上最大的群岛马来群岛又叫做南洋群岛,位于亚洲东南部太平洋与印度洋之间,由苏门答腊岛、加里曼丹岛、爪哇岛、大巽他群岛、小巽他群岛、菲律宾群岛等2万多个岛屿组成,沿赤道延伸6 100千米,南北最大宽度为3 500千米,总面积为247.52万平方千米,约占世界岛屿总面积的20％。

我国是个岛屿众多的国家,分布在沿海一带;500平方米以上的海岛近 7 000 个,总面积为 8 万多平方千米;岛屿的海岸线总长度达 1.4 万多千米。岛屿分别散落在我国沿海的各个海域中,其中 90% 分布在东海和南海。黄海主要有长山群岛,它由 50 多个岛屿组成,不仅林业资源丰富,而且盛产鱼类、海参、牡蛎等,是黄海北部的重要渔业基地。东海是我国岛屿最多的海域,其中的舟山群岛为我国第一大群岛。舟山群岛岛礁众多,星罗棋布,共有大小岛屿 1 390 个,约占于我国海岛总数的 20%。南海有东沙群岛、中沙群岛、西沙群岛和南沙群岛,统称南海诸岛。其中,东沙群岛由东沙岛和附近几个珊瑚暗礁、暗滩组成;西沙群岛由多个沙岛、礁岛、沙洲和礁滩组成,以沙岛为主;中沙群岛由多个暗沙和暗滩组成,一般距海面 10～20 米,大多尚未露出水面;南沙群岛由多座沙岛、礁岛、沙洲、礁滩等组成,其中曾母暗沙位于我国领土最南端。

一、风光之岛

英国诗人济慈曾说:"美即是真,真即是美。"海岛,孤立于海上,小小的陆地为广阔的海域环绕,任凭外界纷纷扰扰,海岛兀自心安。满满的阳光、软软的沙滩、蓝蓝的天空、清清的海水、独特的文化在这里,时间似乎搁浅,悠然的气韵徐徐绽放开来。

巴厘岛——天堂之岛

南纬 8°的艳阳下,一座海岛静静地被印度洋包围,迷人地蹈步于湛蓝海波之上——巴厘岛!巴厘岛,位于印度洋赤道以南 8°,在爪哇岛东部,属印度尼西亚,距首都雅加达 1 000 多千米,与爪哇岛之间仅有 3 200 米宽的海峡相隔;全岛总面积为 5 632 平方千米,人口约为390万;属于典型的热带雨林气候,日照充足,年降水量约 1 500 毫米,一般分为两季:4～10 月为干季,11 月～次年 3 月为雨季;东高西低,山脉横贯,有 10 余座火山锥,东部的阿贡火山海拔 3 142 米,是全岛最高峰。

巴厘岛是"花之岛""南海乐园""神仙岛",是"罗曼斯岛""绮丽之岛""天堂之岛",众多美称的背后,不变的是巴厘岛的迷人风光。

椰影下，田园农舍炊烟袅袅；碧空下，海浪沙滩窃窃私语；余晖中，晚霞波光相互交融……巴厘岛上，万物达到极致，恍若自然的宠儿，安然飘落人间。

巴厘岛风光

库塔堪称巴厘岛最美丽的海滩。这里的海滩平坦，沙粒洁白细腻，碧蓝的天空，朵朵的白云，与其倒影遥相呼应，如同山水画的写意自然。这里还是玩冲浪、滑板的乐园呢！

金巴兰海滩是世界十大美丽落日景点之一。日落时分，海面的天空变得瑰丽无比：所有色彩，泼墨于天际，酣畅淋漓，如同对上苍光与影的献祭。落日熔金，踱着步子，却毫不迟疑地沉入印度洋，不再耀眼的余晖铺陈于波光粼粼的海面，海水共长天一色，温柔凝重，令人冥思。

巴厘岛是印度尼西亚唯一信奉印度教的地区，但这里的印度教有别于印度本土的印度教，是印度教教义和巴厘岛风俗习惯的结晶，即巴厘印度教。居民主要供奉三大天神（梵天、毗湿奴、湿婆神）和佛教的释迦牟尼，还祭拜太阳神、水神、火神、风神等。教徒家里都设有家庙，家族组成的社区有神庙，村有村庙，全岛约有庙宇 12.5 万座，因此，该岛又有"千寺之岛"之美称。

布基萨寺，被称为万寺之母，是巴厘岛上寺庙的代表。此寺建在阿贡火山（巴厘印度教的圣山。据巴厘神话介绍，这座山是"世界的中心"）的山坡上，以专祀这座间歇喷发的火山之神。

海神庙，传说是为求镇住神龟而建的。此庙坐落于海边一块巨大的岩石上，涨潮时，四周环绕海水，和陆地完全隔离，落潮时方可与陆地相通。

受其宗教影响，巴厘岛人对死亡有自己的理解，他们的习俗是庆祝死亡。巴厘岛人死后，按习俗都要举行火葬，因此这里的火葬葬仪非常隆重，这也是巴厘岛奇观之一。

在巴厘岛，不管是城市还是农村，几乎家家供奉神龛，少则一两个，多的有10余个。在当地人心目中，神的形象可来自个人的想象和喜爱，可以是老虎、大象、猴子等动物，也可以是人与动物的结合体，因此巴厘岛各地的神像雕刻千面百孔、神态各异，充满丰富的想象力和艺术创造力。

大堡礁——海中野生王国

大堡礁在航海笔记中留下的第一笔——"垂直耸立于深不可测海洋中的一面巨大的珊瑚墙"。（库克船长，1770年）

大堡礁位于澳大利亚东北部昆士兰省对岸，纵贯蜿蜒于澳洲的东海岸，全长为2 011千米，最宽处为161千米，包括约3 000个岛礁，分布面积达34.4万平方千米。这里不仅有世界上最大的珊瑚礁和珊瑚岛，还栖息着数量庞大的海洋软体动物和鱼类，其中很多是世界濒危物种。

大堡礁由数千个相互隔开的礁体组成，落潮时部分珊瑚礁露出水面形成珊瑚岛。作为世界上最大最长的珊瑚礁群，早在1981年，大堡礁就被联合国列为世界自然遗产。美国有线电视新闻网（CNN）把大堡礁列为世界七大自然景观奇迹之一，英国广播公司（BBC）也曾把大堡礁列为一生必去的50个地方中的第二名。

不可思议的是，营造如大堡礁般浩大"工程"的"建筑师"，竟是直径只有几毫米的珊瑚虫！澳大利亚东北岸外大陆架海域全年水温保持在22℃～28℃，且水质洁净、透明度高，十分适合珊瑚虫繁衍生息。珊瑚虫群体生活，以浮游生物为食，珊瑚虫死后留下遗骸——石灰质骨骼，连同珊瑚虫分泌物，逐渐与藻类、贝壳等海洋生物残骸胶结起来，堆积成珊瑚礁体。

珊瑚礁的构造过程异常缓慢，条件理想时，礁体每年也不

大堡礁

过增厚 3～4 厘米。厚度已达数百米的礁岩,意味着这些"建筑师"们早在 2500 万年前就已开始默默无闻的工作!

　　大堡礁水域有大小岛屿 630 多个,其中以格林岛、丹客岛、磁石岛、海伦岛、汉密尔顿岛等最为有名。这些岛屿各具特色,每年吸引游客无数。大堡礁的一部分岛屿,其实是淹没于海中的山脉顶峰。俯瞰大堡礁,犹如汹涌澎湃的大海上绽放的颗颗碧绿宝石。

　　大堡礁的 400 多个珊瑚礁群中,有 300 多个还有活珊瑚生息繁衍,包含 359 种硬珊瑚、世界上 1/3 的软珊瑚。这些大堡礁群中,珊瑚礁色彩斑斓——红色、绿色、紫色和黄色等;形态各异——鹿角形、灵芝形、荷叶形、海草形等。夜间珊瑚虫觅食时,无数珊瑚虫的触须一齐伸展,宛如百花怒放。海底因之色调丰富,奇幻缤纷。俯瞰大堡礁,犹如汹涌澎湃的大海上绽放的颗颗碧绿宝石。可悲的是,大堡礁面临的最大威胁来自我们人类:大量捕鱼捕鲸、大规模捕捞珠母、进行海参贸易等,已使大堡礁伤痕累累。

海南岛——天之涯,海之角

　　海南岛北隔琼州海峡与雷州半岛相望,面积为 3.22 万平方千米,是我国仅次于台湾岛的第二大岛。海洋性热带季风气候,年平均温度在 22℃～26℃之间,全年暖热,雨量充沛,干湿季节明显,热带风暴和台风频繁。山地位于中央,丘陵、台地、平原依次环绕四周,平均海拔 120 米。有汉、黎、苗、回等 30 多个民族,其中以黎族与苗族的生活习俗最具特色。

　　安卧南海之上的海南岛"四时常花,长夏无冬",终年常绿,森林覆盖率超过 50%,一年四季皆宜旅游,有"东方夏威夷"之称,也是世界上最大的"冬都"。

海南岛风光

2010 年,国务院发布《关于推进海南国际旅游岛建设发展的若干意见》,我国将在 2020 年将海南初步建成世界一流海岛休闲度假旅游胜地,使之成为开放之岛、绿色之岛、文明之岛、和谐之岛。

蜈支洲岛是海南岛的附属岛屿,坐落在三亚市北部的海棠湾内,方圆 1.48 平方千米,呈不规则的蝴蝶状,富于淡水资源,拥有 2 000 多种植物,生长着许多珍贵树种,如龙血树(地球上最古老植物,"地球植物老寿星")。海边山石悬崖壁立,中部山林起伏透迤,北部滩平浪静,南部水域则是国内最佳潜水基地;碧海浩淼,椰树临海,美不胜收。

亚龙湾位于海南三亚市东南约 28 千米处,背依山峦,面朝大海,海碧天澄,沙鸥翔集;沙滩洁白细软,海水温度由于受菲律宾暖流的影响,常年 20℃ 以上,终年适宜游泳。这里还是座海底花园,海水澄洁,透明度大,只要稍潜入水,绚丽多彩的海底珊瑚、鱼类便尽在眼前。

亚龙湾风光

天涯海角,南向三亚湾,其海滩之上,散布着众多奇石。其中,一块浑圆巨石上,赫然刻着"天涯"两字;旁边另一块卧石之上,则镌有"海角"两字。左边,有一石柱拔地而起,上刻"南天一柱"四个大字,大有擎天之势。古时候,三亚人迹罕至,常被作为"逆臣"流放之地。被流放之人奔波至此,只见大海茫茫,不禁感慨"天之涯、海之角","天涯海角"由此而来。

黎族是海南岛的土著民族,民俗文化独具特色。

黎族一直以其绚丽的织锦工艺著称于世。宋末元初著名女纺织家黄道婆寄居海南 40 年,学习当地黎族的纺织技术,后连同黎族的纺织工具一道带回故里上海广为传授,从而深受敬仰。初保村地处五指山西麓,是保留最完整、最美丽、最独特的黎族民居群。在这里,黎族村落古老原貌被保留下来,也成为黎族生活、文化变迁的一个缩影。

马尔代夫岛——印度洋上的美丽精灵

马尔代夫群岛,位于赤道附近的印度洋上,距印度南部约600千米、斯里兰卡西南部约750千米;由26组自然环礁、1 192个珊瑚岛组成,总面积为9万平方千米(含领海面积),陆地面积为298平方千米,人口为5.9万;具有明显的热带气候特征,年平均气温为28℃,年降水量为2 143毫米,无四季之分;地势低平,平均海拔1.2米,为世界上海拔最低的国家。

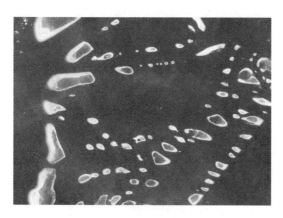

马尔代夫

马尔代夫,Maldives,由梵文演变而来,意为"花环",美丽如它,被称为"地球上最后的香格里拉"。但见无际的海面上,小岛星罗棋布,犹如天际抖落而下的珍珠嵌在海水翠玉上;小岛中央为绿,四周为白,近岛处海水则逐次呈浅蓝、水蓝、深蓝。

太阳岛可谓马尔代夫最大的休闲度假村,据称已有上百万年的历史。岛上繁花芬芳,鸟语啁啾,生机勃勃。原始的热带丛林之中,酒店散落,游人大可随兴躺在椰树下,独享大海的涛声。这里亦有海上木屋,热带的阳光下,可于阳台静静看书,也可随时入海畅游,与热带鱼同行,真正明媚灿烂。

马尔代夫最幽然宁静的小岛,距首都马累20千米。它是蜜月旅行的首选,也是潜水爱好者的天堂,被誉为"蜜月

马尔代夫风光

天堂的后花园""印度洋上的绿洲花园"。这里,海水如空气般透明,空气如海水般清澈,珊瑚礁夺目鲜艳,海底世界奇幻无穷,无须言语缀饰,唯余俪影双双,十指紧扣……

索尼娃姬丽岛被誉为世界上最奢华的全水屋岛,岛上7座水上别墅孤悬于海上,并拥有马尔代夫最大面积的私人海滩。它最初就因浪漫而生。数年前,一位印度富商与一位名模在此相恋,为作纪念,富商投入巨资建起一座奢华酒店,并以爱侣的名字"索尼娃"为之命名。

海陆一线,赋予了马尔代夫悠然的热带美景,但作为世界上海拔最低的国家(其平均海拔高度仅1.5米,最高点也不过2.3米),难免成为全球变暖、海平面上升首当其冲的受害者。2004年东南亚大海啸时,马尔代夫瞬间丧失了40%国土。

塞班岛——身在塞班,置身天堂

塞班岛是北马里亚纳联邦(CNMI)首府的所在地,东经145°,北纬15°,位于太平洋西部、菲律宾海与太平洋之间,西南面临菲律宾海,东北面临太平洋。全岛面积约为185平方千米。岛上全年处于亚热带海洋气候,无夏季和冬季的区分,一年中温差在1℃~2℃,7~8月是雨季,12月~次年2月是旱季;人口约为4.8万,以密克罗尼西亚人、西班牙人为主。

丘鲁海滩出产"星沙"——此种沙粒,其棱角恍若一颗颗小星星,非常美丽。这里的珊瑚石亦是多姿多彩。

鸟岛位于塞班岛的北部,像只鸟栖在海湾上,岛上有上百种鸟类栖息。涨潮时,鸟岛孤立,退潮时和塞班岛相连。

喷水洞如一条巨大的鲸鱼,礁石上的火山岩有无数大小洞穴,海浪拍岸,海水没入礁石,从礁石中的小洞中喷出,如同鲸鱼喷水。

塞班岛

蓝洞是世界第二大潜水胜地，被全世界潜水者视为必游的朝圣地。背着气瓶下到巨大的钟乳洞中，即可进行洞穴潜水。经此还可潜至外海，阳光透过水面直射洞中，海水呈现出猫眼般的蓝色，令人赞叹。这里的鱼群也是色彩斑斓。

鸟岛

军舰岛是座美丽的小岛，周长不过 2 000 米。银色沙滩令人目眩神迷，海水纯净无比，阳光下水底珊瑚礁，变幻着多种美妙的色彩。从岛上坐潜艇，下到 15 米深的水下，还可亲眼目睹第二次世界大战时期美军坠落的战斗机和日军被击沉的军舰残骸。第二次世界大战时期美国空军深夜抵达此处，误将其当做一艘军舰，投下无数炸弹，直到天亮，美军才发现这艘"炸不沉"的"军舰"原来是一个小岛，军舰岛因此而得名。

西西里岛——地中海的美丽传说

西西里岛是地中海上最大的岛屿，属意大利，面积为 2.5 万平方千米，人口为 500 万。整个岛屿成三角形，全岛东西长为 300 千米，南北最宽为 200 千米；地形以山地、丘陵为主，沿海有平原；多地震；具亚热带和地中海气候特征，春秋温暖，夏季炎热，冬季潮湿，平原地区年降雨量为 400～600 毫米，山地为 1 200～1 400 毫米，有丰富的地下水和泉水。

若说意大利形如优

西西里岛风光

雅的长靴,西西里岛则形如皮靴尖上的足球。作为意大利的美丽之源,西西里周身散发着魅力,有很多迷人的小城。这里有明亮阳光和湛蓝海水,还有典雅的古迹供人怀旧。

"世界上最优美的海岬",歌德如此称赞帕勒摩。它是西西里岛的第一大城,历经多种不同宗教、文化的洗礼,市区建筑风貌各异。曾有一位地理学家这样形容帕勒摩:"凡见过这个城市的人,都会忍不住回头多看一眼。"这里的古迹建筑虽非金碧辉煌,但与公园绿地、市街广场融为一体,丝毫不显得突兀。

享有"南意米兰"之称的卡塔尼亚,背靠埃特纳火山,面向爱奥尼亚海,意蕴悠闲。巴洛克艺术为卡塔尼亚披上了灿烂辉煌的历史霞帔,城市虽几度遭遇灭顶之灾而又几度重建,但主体建筑保存基本完好,已被联合国教科文组织列为世界文化遗产。

卡塔尼亚曾9次被火山灰掩埋,但正如格力伯尔门的大时钟上所刻铭文"我从我自己的灰烬中再生"一样,卡塔尼亚人扎根此处,不抛弃,不放弃。灾难之后,巍峨的埃特纳火山一年四季都吸引大量游客慕名而来。

阿格利真托被誉为"诸神的居所",希腊抒情诗人品达尔(Pindaros)曾称赞阿格利真托是人间最美的城市!小城曾先后几易其手,昔日繁华不再,唯留许多神庙遗迹,最有名的是神殿之谷。

由莫尼卡·贝鲁奇主演的《西西里的美丽

西西里岛的建筑

传说》这部意大利浪漫电影中,西西里的美好景象得到展现——夕照中的礁石、洁白平旷的堤岸、庭院里的大树、天主教堂门前的石阶广场以及喧闹的市集——自然之美与世俗之美交织着,溢满西西里。"黄昏的阳光洒在石造建筑的外围,充满了温柔又可爱的夏日情调,就像是童年时的梦想。"

该片摄影指导柯泰对西西里大加赞叹，认为西西里独特的景致为这部电影增添了悲喜交杂的色彩。

西西里岛从公元前 5 世纪起，就成为希腊人、罗马人争夺的战略要地。自公元 827 年阿拉伯人征服该岛后，西西里人便从文化到气质上进入了混血时代，东方神韵在此地徐徐绽放。

西西里岛辽阔而富饶，气候温暖，盛产柑橘、柠檬和油橄榄；海岸从东向西，绵延着果实累累的橘林、柠檬园和大片大片的橄榄树林，故被称作"金盆地"。

血橙是西西里一大特产，它味道甜美异常，颜色却如鲜血，十分奇特。

西西里是意大利最好的橄榄油产区，而橄榄油因可保健，可美容，可烹调，被誉为"液体黄金""植物油皇后"。

二、富饶之岛

浩瀚广阔的海洋就像慷慨慈爱的母亲，将无尽的宝藏赠与我们。例如，海椰子是塞舌尔人眼中的"国宝"，被看做是生物进化遗留下来的活化石，价格贵比黄金，塞舌尔群岛因此被称为"黄金坚果"之岛。更多的富饶之岛，让我们一起来踏访……

古巴岛——"世界糖罐"

古巴岛，位于加勒比海西北部，东临海地，南面牙买加和开曼群岛，北临美国佛罗里达半岛，西面墨西哥尤卡塔半岛；面积为 10.5 万平方千米，是西印度群岛中最大的岛屿；热带雨林气候，西部为热带草原气候。群岛国古巴主要由古巴岛和青年岛以及周围岛屿组成。

1942 年，哥伦布航海途中发现古巴岛。他第二次航行美洲到达古巴时，给这座岛屿带来了甘蔗的根茎，而谁也没想到，日后，这些甘蔗竟然成为古巴主要的经济作物。

古巴地处热带季风区，四面环海，终年无霜，降水丰沛，比较适合甘蔗的生长。古巴的甘蔗主要种植在土层深厚的平原地区，那里的土

古巴盛产甘蔗

壤为黏红土，有机质含量较高，加上机械化程度较高的农耕方式和制糖技术，使得古巴的蔗糖生产国际竞争力强。

古巴的农业以甘蔗种植为主，其加工经济也以制糖业为支柱。同时，古巴也是全球第四大食糖出口国，可以说是名副其实的"世界糖罐"。

近年来，古巴的蔗糖生产严重下降。究其原因，首先要归咎于自然灾害，飓风对古巴的袭击，使得甘蔗种植业遭受严重损失。另外，国际金融危机的爆发，也使化肥、农药、机械零件的进口受到冲击，影响古巴蔗制糖业的发展。

古巴人除了向世界生产销售蔗糖以外，还将甘蔗汁制成的甘蔗烧酒装入白色的橡木桶中，经过层层精心的酿酒工艺，以及多年的沉淀和酝酿，制成一种全天然的美味佳酿——古巴朗姆酒。

而最初，古巴人是用这些发酵过的甘蔗汁作为一种消除疲劳的刺激性饮料来饮用的，后来经过商人和海盗的传播，销往世界各地。

几百年来，古巴朗姆酒以其高品质和纯天然的加工工序，以及其独一无二的香醇口味，受到了世界各国人民的喜爱。

因为有世界著名的革命家卡斯特罗和切格瓦拉，所以古巴也成为世界知名的革命圣地，其首都哈瓦那有著名的革命广场。

革命广场中间是何塞·马蒂纪念塔，塔下有马蒂白色大理石像。广场北边，内政部大楼的外墙上，就是切格瓦拉的巨型壁画。

革命广场的切格瓦拉像

斯里兰卡岛——宝石之岛

斯里兰卡岛,位于印度洋南亚次大陆的南端,西北隔保克海峡与印度半岛相望;面积为 65 610 平方千米,热带季风性气候;人口约 1 988 万,主要民族为僧伽罗族和泰米尔族,佛教为国教。斯里兰卡遍地都是宝石,宝石开采至今已有 2 500 多年的历史;其宝石有 22 种之多,蓝宝石、红宝石、猫眼石、星光石、亚历山大变色石、月亮石等等,令人眼花缭乱,其中"猫眼绿"被列为国石。

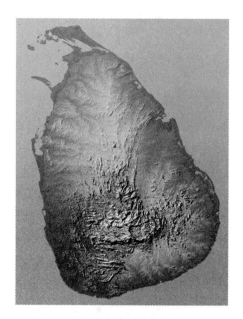

斯里兰卡岛

斯里兰卡宝石散布在河床、湿地、农田或山脚下,深度在 1.5~18 米之间不等,开采方式主要为山区的岩壁开采、掘井和河川开采。前者开采出的宝石颗粒较大,但难度大;后者因河流冲刷的缘故,开采出的宝石颗粒较小。

宝石

"洗宝石"是宝石开采的一道重要工序。矿场的工人将从地下挖出一堆黄土,放入一个圆形的畚箕中,然后拿到大水池旁旋转冲洗,待黄土溶入水后,有经验的人就可以从剩下的小石头中挑出宝石了。

斯里兰卡的"宝石城"拉特纳普勒在斯里兰卡中南部。那里有一条叫卡鲁河的古河床,它孕育了斯里兰卡 1/3 的宝石,是亚洲最大的宝石矿区。这里曾出产过世界上最大的蓝宝石——563 克拉重的"印度之星"。斯里兰卡的国宝——"斯里兰卡之星"也出自这儿,重 362 克拉,被称为世界第三大蓝宝石。

由于斯里兰卡人认为是否能挖到宝石需要运气，所以在每个宝石矿点都有神龛。在开挖之前，矿主们都要到寺庙里烧香祈祷，矿工入矿前也要双手合十祷告一番，连筛矿砂也都要选择良辰吉日呢！

塞舌尔群岛——"黄金坚果"之岛

它是太平洋上的一颗"黄金坚果"，美味的海椰子在这里散发着醉人的清香，巨大的象龟缓慢地从恐龙时代爬到你面前：这就是穿越了时空的伊甸园——塞舌尔群岛。

塞舌尔群岛，位于西印度洋，西临肯尼亚，西南临马达加斯加，南近毛里求斯，东北与马尔代夫隔海相望；地处欧、亚、非三大洲的中心地带，由115个大小不一的岛屿组成；面积约455平方千米，热带雨林气候，人口约8.5万，主要为班图人、克里奥尔人、印巴人后裔等。

塞舌尔以其7 000多棵海椰子树而闻名。海椰子亦称复椰子，棕榈科植物，其果实又叫复椰子果。海椰子的一个果实重可达25千克，其中的坚果也有15千克，是世界上最大的坚果，被称为"最重量级椰子"。

海椰子树高20～30米，其树叶和种子在所有植物中都是最大的，树叶呈扇形，长约7米，宽约2米，最大的叶子面积可达27平方米，因此也被称为"树中之象"。早期来到这里的水手们以为海椰子来自扎根于海底的一颗巨树，于是这些坚果也被称为"大海的脑袋"。

巨大的海椰子

海椰子果通常需要10年才能成熟。其果肉细白可口、汁液浓稠香醇，除了食用外，还可以酿酒，以及用于治疗中风和精神烦躁。

海椰子被看做生物进化遗留下来的活化石，非常珍贵，是塞舌尔人眼中的"国宝"。最初塞舌尔群岛中有5个岛都长有海椰子树，但由于破坏性开采,目前仅剩普拉兰岛"五月谷"中的 4 000 多棵海椰子树了,由此受到塞舌尔政府的重点保护,被禁止非法采摘和出售。

作为旅游商品的海椰子果的价格也非常昂贵,一枚海椰子果实标价 2 000 美元。据说,当年德国皇帝鲁道夫二世曾提出用 250 千克黄金购买海椰子果实,但遭到塞舌尔政府的拒绝。

海椰子树寿命长达千年,可连续结出果实 800 余年!海椰子树分雌

塞舌尔群岛风光

树和雄树,它们彼此相邻生长,通过当地的壁虎把花粉粘在脚上授粉,繁衍后代。最神奇的是,海椰子雌雄两树树根在地下交缠相生,一棵死去,另一棵也不会独活,紧跟着它的"伴侣"一起"殉情"而死,因此海椰子树也被称为"爱之树",海椰子果也被称为"爱之果"。

碧海银沙的博瓦隆沙滩是世界排名第三的白沙沙滩,每年吸引着 10 多万的游人前来观光游览。当然,这里的物价水平也是天价,消费很高。塞舌尔象龟是恐龙时代的幸存者之一,它们体型巨大。在塞舌尔迷人的沙滩上,可以看到憨态可掬的象龟们在爬来爬去。

这些象龟不但可以观看,而且可以骑乘,当地甚至有驾乘象龟比赛;不过,参赛者要在龟背上不停地跺脚,笨重的大龟才肯慢慢地向前爬行。

格林纳达岛——香料之岛

格林纳达岛,位于加勒比海向风群岛的最南端,东临大西洋,1498 年被哥伦布发现,是山峦起伏的火山岛;面积为 344 平方千米;热带海洋性气候;人口约 10.6 万,黑人占人口大多数;原为印第安人居住地,通用英语。

格林纳达盛产多种香料

格林纳达平均每平方千米土地上的香料比世界任何地方都多，因此素有"加勒比的香料岛"的美称。格林纳达的种植园里有肉豆蔻、多香果、丁香、肉桂、姜、月桂、黄姜和美果榄等。其中，肉豆蔻的产量仅次于印度尼西亚居世界第二，出口量占全世界肉豆蔻总需求的1/3，因此格林纳达的肉豆蔻及其加工品出口成为其国民经济的重要支柱。

肉豆蔻又叫做"肉果""玉果""肉蔻"，属木兰科常青本木植物，幼苗栽种后7～9年才能结果，20年后果实方能丰硕；其杏黄色的果肉可做果酱，果肉中的果核可做化工原料，果核中的果仁即肉豆蔻，它呈卵圆形或椭圆形，既可做香料使用，又可入药。

中医认为豆蔻温中止泻、清热解毒、开胃健脾、祛瘀消肿，可治疗恶心、头胀、痢疾、痔疮等疾病，而且还有一定的抗癌功效，我们常吃的许多卤菜配方中也少不了它。

肉豆蔻

法国殖民者最早将狂欢节引入了格林纳达岛。狂欢节中会选举"美女皇后"，并举行热闹非凡的卡莱普索舞大赛，赛后会选举"卡莱普索舞王"。带着牛角帽的舞者们脸上涂满污水，扮成魔鬼模样，有朗姆酒和音乐助兴；他们彻夜不眠，在街上又唱又跳，直到精疲力竭。

孔塔多拉岛——珍珠宝岛

孔塔多拉岛,位于巴拿马运河太平洋一侧入口处,是珍珠群岛的第五大岛屿;面积为 3.4 平方千米,属热带海洋性气候。孔塔多拉是珍珠群岛中的第五大岛屿,也是其中最富盛名的一个岛屿。由于珍珠群岛的海域盛产珍珠,所以包括孔塔多拉在内的珍珠群岛上的人们都以采集天然珍珠和养殖人工珍珠来增加其经济收入。

孔塔多拉岛风光

由于这里地处热带,附近又有寒流经过,海水适宜的温度和盐分非常适合珍珠生长,因此,这里珍珠的色泽比其他地方的珍珠更为光彩夺目,其形状也更圆润饱满.

相传在 16 世纪早期,一群奴隶在珍珠群岛附近的海床上采集珍珠,其中一位竟然采到了一颗 10 克重的白珠,而他也用这枚珍珠换得了自由身份。这枚珍珠就以这个奴隶的名字而命名,叫做佩礼格里纳。这枚珍珠一度归英国女王"血腥玛丽"所有。

美丽的孔塔多拉岛上有高档旅店、宾馆,潜水和水下活动用品商店。在这里,你可以享受孔塔多拉的 13 个美丽的白沙海滩。

由于这些海滩几乎没人居住,因此到这里的客人完全可以把她当做自己私人的海滩。

孔塔多拉的水下世界更是精彩奇妙,这里是海豚、鲨鱼和

美丽的孔塔多拉岛

海龟们的聚居地,美丽的珊瑚在这里形成千姿百态的珊瑚礁,是潜水者的胜地。由于受到附近寒流的影响,这里渔业资源特别丰富。

台湾岛——中国宝岛

台湾岛,位于我国大陆架的东南缘,北接东海,东临太平洋,南与菲律宾相隔巴士海峡,西面隔台湾海峡与祖国大陆遥遥相望;面积为35 788平方千米,为我国第一大岛;热带和亚热带季风气候,主要民族有汉族和高山族等;由于其正处于太平洋航道中心,因此也是我国重要的海上枢纽。

台湾岛风光

台湾有着极其丰富的矿藏资源,其中石油、天然气、地热资源丰富,已发现的温泉有90余处。金属矿主要以金矿和铜矿为主,大理石是最为丰富的非金属矿产。

另外,台湾的海盐和宝石的储量也相当大,其中位于花莲地区的软玉因其纯正的色泽跻身世界名玉的行列。

日月潭一角

台湾水果产量丰富,有甜脆可口的莲雾、清新爽口的凤梨、香甜美味的芒果,还有番石榴、杨桃、火龙果、红毛丹、山竹等。最让人百吃不厌的要算台湾盛产的槟榔了,入口青涩沁心,吃后有酒醉之感。

台湾特有的“槟榔

西施"也是台湾一景。穿着性感的年轻姑娘在槟榔摊前面笑靥如花地招揽着生意，让人忍不住流连购买。

台湾同时也是风味美食的王国，台北新店碧溪潭香鱼、基隆豆签羹、桃园石门砂锅鱼头、新竹"贡丸"、台南"棺材板"、逢甲夜市的"大肠包小肠"等等，都让人垂涎欲滴。

相传古时候，有一对叫大尖和水社的青年夫妇，用金斧头和金剪刀斩杀了在大水潭里潜伏着的、吞掉了太阳和月亮的两条恶龙，让日月重回人间，而他们自己却牺牲了。传说中的这个大水潭也就化作了这风光动人的日月潭。

台湾著名的风景区阿里山位于嘉义市以东，靠近台湾最高峰玉山，气候温和宜人，树木茂密葱郁，是台湾著名的避暑胜地。

三、奇趣之岛

海岛充满奇趣。例如，在马达加斯加岛高大的猴面包树下，生活着狐猴、豹纹变色龙等面貌怪异却十分可爱的小动物。你知道吗？马达加斯加岛是狐猴们唯一的家，在世界的其他地方，这种大眼睛的灵长类动物已经消失了……

还有更多的奇趣之岛，让我们一起去寻找……

斐济群岛——"长寿之岛"

斐济群岛，位于南太平洋，地处瓦努阿图以东，东加以西，图瓦卢以南；共有 320 个岛屿，多为珊瑚礁环绕的火山岛；面积约 1.83 万平方千米；热带海洋性气候；人口约 86.8 万，大多为斐济人和印度人，主要信奉基督教。斐济是现今世界上唯一一个没有癌症患者的国家。岛上居民普遍长寿，这主要与他们多吃荞麦有关。此外，斐济人每日三餐都必用杏干伴食佐餐，杏肉中富含的维生素 A、C，儿茶酚和多种微量元素有助于抗癌。新鲜的鱼、虾、贝类等海产品，也让斐济人的饮食更加健康均衡。

健康的生活方式也是斐济人长寿的原因之一。由于地处岛国，优越的天然地理环境，使得斐济人非常热爱水上运动。"对斐济人来说，时间是用来浪费的。"这句话并非说斐济人喜欢浪费时间，而是表达了斐济人较为从容的时间观，这也使得他们的生活压力较其他地方更小。以更轻松的方式享受生活，这也许又是他们长寿的秘诀之一吧！

穿裙子戴鲜花的斐济男子

密克罗尼西亚群岛——"女儿国"之岛

密克罗尼西亚群岛，别名小岛群岛，地处西太平洋、亚洲以东，南临美拉尼西亚，东面波利尼西亚；有2 000多个岛屿，是太平洋三大群岛之一；面积为2 700多平方千米，热带海洋性气候；人口约30万，主要为密克罗尼西亚人。密克罗尼西亚群岛上的土著们重视女性胜过男性，生女孩子多的母亲比生男孩子多的母亲更受到尊敬，

密克罗尼西亚的人们

与重男轻女的地方风俗截然相反。

那里的部族最高权力均掌握在被称为"大妇人"的女性手中，她拥有部族的话语权。这种地位通过世袭来传承，而非推选。

在密克罗尼西亚的家庭中，妻子也是掌握家里"大权"的主要人物，丈夫需要听从妻子的决定，真可以说是"女儿国"了。

密克罗尼西亚实行一夫一妻制，妇女们多穿连衣裙，一些族群的妇女也有先抱孩子后结婚的习俗。在当地，妇女是受到特别尊重的，不能随便同她们开玩笑。

岛民们之间一律平等，直呼姓名，在姓名之前没有父母兄弟等各种称谓。

新几内亚岛——动植物的伊甸园

新几内亚岛，别名伊里安岛，位于太平洋西部，在澳大利亚以北，是太平洋第一大岛屿、世界第二大岛屿；面积约80万平方千米；热带季风气候；人口约47.5万。

新几内亚岛上气候湿润，西南部多沼泽，鳄鱼养殖业非常发达，有300多个鳄鱼养殖场，养殖鳄鱼近2万条，咸水鳄和淡水鳄都有。当地人还喜欢把鳄鱼切成长条，用盐腌了，然后风干或者晒干吃，就像我们吃鱼一样。鳄鱼的味道有些像鸡肉，但它们活着的时候，可比鸡凶多了。

新几内亚鳄鱼

如果在新几内亚地区遇到鳄鱼怎么办呢？你可以勤点火以防鳄鱼；见到漂浮的枯树枝也要绕开走，因为那可能是一条窄吻鳄。如果被鳄鱼咬住，千万不要惊慌，用大拇指掐它们的眼睛，这些凶猛的家伙就会败走了。

新几内亚岛是世界上语言最丰富的岛屿之一。这里的居民有巴布亚人、美拉尼西亚人、西非几内亚人，还有4万多外来人口。他们皮肤黝黑，头发卷曲，分为1 000多个部族。据调查，这里的语言达700

多种,交流起来十分不便。种植与养猪是他们的主要生计。在所罗门群岛,养猪越多越有钱。由于饲养猪是妇女的责任,所以男人们为了在族群中建立威望而广纳妻妾。

圣诞岛——红蟹的王国

圣诞岛,位于印度洋东北部、爪哇岛以南;面积为 135 平方千米;人口约 2000,其东北部的飞鱼湾是主要的居民区。谁是圣诞岛真正的主人?当然非红蟹莫属。圣诞岛红蟹,又名圣诞地蟹,是一种仅在印度洋上圣诞岛和科科斯(基林)群岛才有的一种陆蟹。据估计,圣诞岛上共有 1.2 亿只红蟹,是圣诞岛上 14 种陆蟹当中最多的种类,其中包括陆蟹中体型最大的椰子蟹。这些红蟹中体重最大的能够达到 3 千克

圣诞岛的红蟹

每当圣诞岛的雨季(10 月或 11 月)来临时,红蟹就会大规模地从森林中向海边迁徙。可是,迁徙谈何容易?在迁徙的路途,很有可能遇到它们的天敌——会喷射腐蚀性酸液的黄蚂蚁而死于非命。若是碰上恶劣的天气,它们的征程将更加困难重重。那么,它们为什么要这样不计代价地大规模迁徙呢?原来,在旱季的大部分时间里,它们都躲在自己的洞穴里;每当雨季来临,它们就要迁往海边产卵,所以,这时就可以看到为了繁殖而迁徙的"红潮"涌向海边,非常壮观。

除了为圣诞岛增添一景,红蟹对圣诞岛还有更重大的意义。在迁徙的过程中,红蟹吃掉了许多落叶,它们的粪便又成为滋养树木的有机肥料。由于它们经常在树根处挖掘洞穴,也帮助树木疏松了土壤,利于树木的生长。这样,红蟹就为养分比较贫乏的热带雨林树木的生

长起到很大的帮助作用,成为圣诞岛生物链上不可缺少的一环。

加拉帕戈斯群岛——珍稀动物的乐园

　　加拉帕戈斯群岛,别称科隆群岛、哥伦布群岛,位于太平洋东部、南美大陆西北部;由 19 个火山岛组成;面积为 7 994 平方千米;人口约 2 万,主要为厄瓜多尔人。加拉帕戈斯群岛虽然靠近赤道,但因受到秘鲁寒流的影响,温度较低,气候凉爽干燥。群岛上生活着 700 多种地面动物、80 多种鸟类和许多昆虫,闻名于世的有巨龟和大蜥蜴等。除此之外,寒带的动植物也经常出现在这里,如海狮、海豹、企鹅、信天翁等。加拉帕戈斯群岛于 1978 年被联合国教科文组织宣布为"人类自然财产保护区",列入《世界遗产目录》,被称作"独特

加拉帕戈斯象龟

的活的生物进化博物馆和陈列室"。

　　1835 年,查尔斯·达尔文跟随着一艘英国海军测量船来到加拉帕戈斯群岛,通过对岛上象龟、海鬣蜥等动物尤其是啄木鸟雀的研究,使他开始对自然神学、上帝创世造物的观点产生质疑。

　　在对采集的标本进行深入分析和研究之后,达尔文终于认识到了生物的演化和其对环境适应的关系,并于 1859 年发表了旷世巨著《物种起源》,提出了生物进化理论。后来,人们为了纪念达尔文,在岛上建起了达尔文的半身铜像纪念碑和生物考察站。

　　最初发现加拉帕戈斯群岛时,它被称为"斯坎塔达斯岛"(西班牙语意思为"魔鬼岛");后来人们发现了群岛上的加拉帕戈斯象龟,于是称之为"加拉帕戈斯群岛"了,意为"巨龟之岛";厄瓜多尔统治群岛之后,又改名为"科隆群岛"。

小龙山岛——中国的"蛇岛"

　　小龙山岛,别名礁腊、蟒山岛。位于我国辽宁省西部渤海湾中,面积为 0.8 平方千米,温带湿润季风性气候。小龙山岛被称为我国的"蛇岛",是世界上唯一只有一种毒蛇集中的地方。在这不足一平方千米的小岛上,栖息着近 2 万条剧毒的蝮蛇,是国家级自然保护区。小龙山岛上气候湿润,植物茂盛,山石林立,多山洞石缝,便于蛇伪装隐蔽,非常适合爬行动物蛇类的生存。

蛇影憧憧

　　小龙山岛也是往来候鸟的必经之地,这也为此地的蝮蛇提供了食物。岛上的居民视蛇为神明,不敢随便捕杀。因此,蝮蛇们便在这里祖祖辈辈地生息繁衍。

　　岛上的蝮蛇被叫做黑眉蝮蛇,是因其从眼睛到口角有一条黑褐色的宽眉纹。黑眉蝮蛇体长 1 米左右,体背为灰色,间有深色环纹。它们除了有很高的科研价值外,还有十分可观的经济价值。从蛇毒中提取的毒液可以入药,蝮蛇肉质鲜美,蛇皮可以制成工艺品。

四、神秘之岛

　　散落在大洋中的无数海岛,不仅拥有浪漫迷人的风光、珍贵富饶的宝藏、稀有奇趣的动物,还有一些难以解释的史前遗迹、一些神秘莫测的奇特现象和一些百思不解的历史谜题。这些就是笼罩着层层神秘色彩的神秘之岛。请跟随我们一起,慢慢揭开神秘之岛的面纱……

复活节岛——"世界肚脐"的石像之谜

复活节岛，位于东南太平洋，南纬 27°07′，西经 109°22′，面积为 117 平方千米，居民主要为波利尼西亚人，语言为西班牙语和拉帕努伊语。"石像的故乡"这个名字的由来，自然是因为小岛上矗立的许多

复活节岛上的石像

巨型石像了。巨大的石像遍布复活节岛，据统计有 1 000 多尊，均由整块的暗红色岩雕凿而成，其中最重的达 90 吨、高 9.8 米，最普通的也有二三十吨重，而且大多数石像带着巨大的红色石制的帽子，较大的红帽子有四五十吨重，最小的也重约 20 吨。这些石像都是没有腿的半身像。它们的外形大同小异，长方形的头颅特别巨大，与身体相比不成比例，有的石像身上还刻有符号，像是纹身图案；个个额头狭长，鼻梁高挺，眼窝深凹，嘴巴噘翘，大耳垂肩，胳膊贴腹，赫然屹立在小岛的海滨地带。

大约 100 万年前，复活节岛由海底的 3 座火山喷发而形成，地理位置与世隔绝。它隶属智利，西距皮特凯恩岛 1 900 千米，东距智利西岸 3 700 千米，是波利尼西亚最东面的岛屿。

美国的宇航员曾从太空观察，发现复活节岛孤悬在浩瀚的太平洋上，确实像一个小小的"肚脐"贴在世界的中心。

百慕大群岛——"魔鬼三角"灾难频发

百慕大群岛，简称百慕大，是英国在北美洲的海外领地，位于北大西洋西部，在北纬 32°14′ 至 32°25′、西经 64°38′ 至 64°53′ 之间，距北美大陆 917 千米；由 7 个主岛以及 150 多个小岛和礁群组成，陆地总面积为 53 平方千米，其中主岛百慕大约占总面积的 2/3。"百慕

百慕大群岛风光

大三角"为什么叫做"魔鬼三角"呢？1945年12月5日美国第19飞行队的5架飞机15位飞行员在训练时突然失踪，当时预定的飞行路线是一个三角形，于是人们后来把美国东南沿海的西大西洋上北起百慕大，延伸到佛罗里达州南部的迈阿密，通过巴哈马群岛，穿过波多黎各，到达圣胡安，再折回百慕大所形成的一个三角地区，称为百慕大"魔鬼三角"。100多年来，在百慕大三角区已有数以百计的船只和飞机失事，数以千计的人丧生。当船舶、飞机进入这个"魔鬼三角"时，人们会看到奇异的闪光，罗盘会发疯似地乱转，操纵系统也因之失灵，与地面的无线电联系会莫名其妙地中断，以至于船（机）毁人亡。据统计，从1880到1976年间，约有158次失踪事件，其中大多是发生在1949年以后的30年间，曾发生失踪97次，至少有2 000人在此丧生或失踪。

马耳他群岛——巨石搭建远古传奇

马耳他群岛，别名马尔蒂斯群岛，位于地中海，面积为246平方千米，地势西高东低，以低矮的丘陵与台地居多，最高海拔仅253米；距意大利西西里岛90千米，距非洲大陆300千米，扼大西洋通往黑海和经苏伊士运河达印度洋的交通

史前巨石建筑遗迹

要冲，素有"地中海心脏"之称。1902年，在马耳他岛的首府瓦莱塔一条偏僻的小路上，发生一件举世轰动的大事。一位居民在盖房时发现地下有一处洞穴，经考古考证，这里居然埋藏着一座史前建筑。之后，人们又接二连三地发现了30多处史前巨石建筑遗迹。其设计奇特、规模宏大，引起了人们强烈的兴趣，欧洲因此掀起一股"史前巨石建筑研究热"。

第五部分　船舶胜览篇

世界船舶史源远流长。自古以来,船舶就是人类最重要的水上交通工具。15～19世纪,船舶是驶往大海彼岸的唯一载体。15世纪的海上探险,16～17世纪的地理大发现,18～19世纪的海上争霸和海外移民,都与船舶密切相关。世界船舶史是人类文明史和科技史的一个缩影。

一、军用舰船

对制海权的争夺是现代军事斗争的一个焦点,而制海权的争夺离不开强大的海军和先进的军用舰船装备。从古代的桨帆战船和风帆战船,到现代结构复杂、功能完备的各类战舰;从撞击战和接舷战,到炮战、导弹战和信息战,军舰留下了一条不同寻常的辉煌轨迹,并必将继续成为各国军队的宠儿。

1. 战斗舰船

战斗舰船一般分为水面战斗舰船和潜艇。水面战斗舰船主要有航空母舰、战列舰、巡洋舰、驱逐舰、护卫舰、快艇等。潜艇主要有战略导弹潜艇和攻击潜艇。同种舰船,根据其排水量和主要武器的不同,又可划分为不同的级别。

航空母舰简称航母,是一

战斗舰船

种以舰载机为主要作战武器的大型水面舰只。这种庞大的"海上战斗堡垒"堪称人类作战史的奇观，使传统的海战从平面走向立体，从而诞生了真正意义上的现代海战。航空母舰是所有军舰中体积、吨位最大的一种。尽管其是现代海军中比较年轻的舰种，但是，已经成为一个国家海军力量的重要象征。

"尼米兹"级航母

"尼米兹"级航空母舰是继"企业"级航空母舰之后，美国第二代核动力航空母舰，同时也是目前世界上排水量最大、载机最多、现代化程度最高的航空母舰，是当今世界的海上巨无霸，其巨大威力令任何海上对手望尘莫及。"尼米兹"号配备有先进的舰载武器、电子设备，并载有几十架各类战机，能够执行远洋作战、夺取制空权和制海权、攻击敌海上或陆上目标、支援登陆作战和反潜等多种任务，不

"尼米兹"级

仅攻击力强大，而且防护措施完备，是目前世界上战斗力最强的军舰之一。

"尼米兹"家族包括"尼米兹"号、"艾森豪威尔"号、"卡尔·文森"号、"西奥多·罗斯福"号、"亚伯拉罕·林肯"号、"乔治·华盛顿"号、"约翰·斯坦尼斯"号、"杜鲁门"号、"罗纳德·里根"号、"乔治·布什"号。

"小鹰"级

"小鹰"级航空母舰是美国建造的最后一级常规动力航空母舰，也是世界上最大一级常规动力航空母舰。它是在"弗莱斯特"级常规

动力航空母舰基础上发展而来,但在上层建筑、防空武器、电子设备、舰载机配备等方面都做了较大改进。

"小鹰"级连续建造了 3 艘,长为 323.6 米,宽为 39.6 米(水线),吃水为 11.4 米,标准排水量为 61 174 吨,最大航速为 30 节,续航力为 12 000 海里(20 节航速);其飞行甲板长为 318.8 米、宽为 76.8 米,从底层到舰桥大约有 18 层楼高;采用了封闭式加强飞行甲板,舰体从舰底至飞行甲板形成整体的箱形结构。

"小鹰"级在直角和斜角甲板上各有 2 部蒸汽弹射器,在斜角甲板上有 4 道拦阻索和 1 道拦阻网;全舰编制 5 480 人,其中舰员 2 930 人、空勤人员 2 480 人、航母战斗群司令部人员 70 人。

美国海军的最后一艘常规动力航空母舰是"肯尼迪"号,它其实可以算作"小鹰"级的第 4 艘,但由于变化稍大一些,所以也有资料将其单列为一级——"肯尼迪"级,实际上它与"小鹰"级相差无几。

"明斯克"号

"明斯克"号航空母舰由尼古拉耶夫船厂建造,是前苏联"基辅"级中型航空母舰中的第二艘。1972 年 12 月 28 日开工,1975 年 9 月 30 日下水,1978 年服役并于 1979 年被调到太平洋舰队。

"明斯克"号的母港设在海参崴,它的到来使前苏联结束了在远东没有大型主力舰的历史。"明斯克"号航母排水量为 42 000 吨,长为 273 米,宽为 31.0 米,吃水为 8.2 米,采用 4 台汽轮机推进,航速为 32 节,续航力达 13 500 海里,全舰成员超过 2 000 人。舰上携带 12 架雅克 38 垂直起降战斗机和 19 架卡 27 反潜直升机,其特色就在于它的构造一半像航母、一半像巡洋舰。苏联解体后,"明斯克"号没有了后勤保障基地,因为生产它的乌克兰已经独立,而航空母舰却在俄罗斯手里。1995 年,财政紧张的俄罗斯做出惊人之举——将太平洋舰队吨位最大的两艘航空母舰"明斯克"号与"新罗西斯克"号当废铁卖给韩国大宇重工集团,售价为 1 300 万美元,而这两艘主力舰的服役期还没到一半。1998 年 8 月"明斯克"号被中国一家公司买进。

1998 年 9 月"明斯克"号来到广东东莞沙田港,1999 年 8 月被拖至广州文冲船厂,进行封闭式大规模修整与改造。整修一新的"明斯克"号于 2000 年 5 月 9 日驶向深圳大鹏湾,成为当时世界上唯一的由 4 万吨级航空母舰改造而成的大型军事主题公园。

"依阿华"级战列舰

战列舰是以大口径舰炮为主要武器并能远洋作战的大型军舰。它具有很强的突击能力,体积非常庞大,并装备有厚厚的装甲防护层。战列舰的前、后甲板上装有大大小小的火炮上百门,因此被称为"海上炮库"。战列舰一直是各主要海权国家的主力舰种之一,因此曾一度被称为主力舰。但近代以来,由于核动力、舰载机、导弹和电子装备的大量使用,战列舰的优势所剩无几,其地位日渐削弱,相继退出现役。

"依阿华"级

"依阿华"级战列舰是第二次世界大战期间美国建造的吨位最大的一级战列舰,也是世界上最后一级退出现役的战列舰。该级舰计划建造 6 艘,首制舰"依阿华"号 1940 年开建,最终共建成 4 艘,分别是"依阿华"号、"新泽西"号、"密苏里"号和"威斯康星"号。1945 年 9 月 2 日 9 时 2 分,停泊在日本东京湾的"密苏里"号成为日本签署无条件投降书的地点。1992 年 3 月 31 日,在热烈的礼炮声和号角声中,"密苏里"号缓缓驶回美国洛杉矶港,退出现役。1998 年,美国海军签署捐赠协议,将其停靠在珍珠港,向公众开放展出。

"密苏里"号

"密苏里"号战列舰为美国海军"依阿华"级战列舰中的第三艘,

海湾战争中的"密苏里"号

排水量为 45 000 吨，长为 270.4 米，宽为 33.0 米，吃水为 8.8 米，航速为 33 节。1944 年 6 月 11 日下水服役，1945 年 1 月"密苏里"号作为第 3 舰队旗舰正式加入美国太平洋舰队，1945 年 2～7 月先后参加了硫磺岛战役、冲绳岛战役和对日本本土的攻击作战。"密苏里"号见证了第二次大战结束的历史性时刻。1945 年 9 月 2 日 9 时 2 分，停泊在日本东京湾的"密苏里"号成为日本签署无条件投降书的地点，为第二次世界大战画上了句号。

"密苏里"号战列舰最初装有 3 座三联装 406 毫米主炮、149 门各种口径的副炮和高炮，还载有 3 架水上飞机。全舰通体有装甲防护，一般部位厚 150 毫米，重要部位原达 400 毫米，是"二战"后世界上装甲最厚的水面战舰。

"密苏里"号的最后一次现代化改装完成于 1986 年，次年 5 月 10 日重新加入美国海军现役。1990 年 8 月 2 日，伊拉克入侵科威特，海湾危机爆发，"密苏里"号和"威斯康星"号战列舰迅速驶向波斯湾。"沙漠风暴"战斗打响后，"密苏里"号和"威斯康星"号战列舰及潜艇最先向伊拉克目标发射了"战斧"巡航导弹。1991 年 2 月 4 日凌晨，"密苏里"号战列舰在装备高级水雷避碰声纳的美舰"柯茨"号护航下，通过水雷区到达指定攻击阵位，用 9 门 406 毫米大炮将伊军的指挥中枢、弹药库、火炮阵地、导弹阵地、雷达站等破坏，给多国部队地面进攻以强有力的火力支援。

1992 年 3 月 31 日，在热烈的礼炮声和号角声中，"密苏里"号缓缓地驶回美国洛杉矶港，结束了它那辉煌的一生。1998 年，美国海军签署了捐赠协议，将其停靠在珍珠港，向公众开放展出。

巡洋舰

巡洋舰是主要在远洋作战的大型水面战斗舰艇，属于海军的主要舰种。巡洋舰在排水量、火力、装甲防护等方面仅次于战列舰，最大航速为 30～35 节，拥有同时打击多个作战目标的能力。巡洋舰主要用于掩护航空母舰编队和其他舰艇编队，保卫己方或破坏敌方的海上交通线，攻击敌方舰艇、基地、港口和岸上目标，登陆作战中进行火力支援，担负海上编队指挥舰等作战任务。现代巡洋舰排

"弗吉尼亚"级

水量一般为 0.8 万～2 万吨，装备有导弹、火炮、鱼雷等武器，大部分巡洋舰还可携带舰载直升机。其动力装置经常采用蒸汽轮机，少数采用核动力驱动。

　　"弗吉尼亚"级巡洋舰是美国 20 世纪 70 年代研制的核动力导弹巡洋舰，主要是为航母编队提供远程防空、反潜和反舰保护，同时也为两栖作战提供支援，在全球范围内执行各种作战任务。"弗吉尼亚"级共建造了 4 艘，分别为"弗吉尼亚"号、"德克萨斯"号、"密西西比"号和"阿肯色"号。其首制舰"弗吉尼亚"号于 1972 年开工建造，1974 年下水，1976 年 9 月服役。该级舰长为 178.3 米，宽为 19.2 米，吃水为 9.6 米，最大航速为 30 节，编制舰员 558～624 人。"弗吉尼亚"级是美国海军第四级，也是迄今为止最后一级核动力导弹巡洋舰，成为美国海军的"绝唱"。

驱逐舰

　　驱逐舰是一种多用途的军舰，是装备有对空、对海、对潜等多种武器，具有多种作战能力的中型水面舰艇。它是海军舰队中突击力较强的舰种之一，能执行防空、反潜、反舰、对地攻击、护航、侦察、巡逻、警戒、布雷、火力支援以及攻击岸上目标等作战任务。19 世纪 90 年代至今驱逐舰一直是海军重要的舰种之一，也是现代海军舰艇中用途最广泛、数量最多的舰艇，有"海上多面手"之誉。1971 年 12 月我国自

行研制的第一艘驱逐舰
105舰正式被批准服役，
它就是著名的"济南"号
导弹驱逐舰。105舰于
2007年11月13日在青
岛退役，2008年1月31
日，105舰被从海军基地
拖到青岛海军博物馆，并
在博物馆荣誉展出。

"济南"号导弹驱逐舰

"阿利·伯克"级驱
逐舰是美国海军现役的最新一级"宙斯盾"导弹驱逐舰，是美国海军中

"阿利伯克"级

首级也是世界上第一种
装备"宙斯盾"作战系统
并全面采用隐形设计，武
器装备、电子装备高度智
能化的驱逐舰，具有对
海、对陆、对空和反潜的
全面作战能力。"阿利·
伯克"级代表了目前美
国海军驱逐舰的最高水
平，是当代水面舰艇当之
无愧的"代表作"。

保驾护航——护卫舰

护卫舰和战列舰、巡洋舰、驱逐舰一样，也是一个传统的海军舰
种，是世界各国建造数量最多、分布最广、参战机会最多的一种中型水
面舰艇。它又被称为护航舰，以舰炮、导弹、水中武器（如鱼雷、水雷、
深水炸弹等）为主要武器，主要用于反潜和防空护航，以及侦查、警戒
巡逻、布雷、支援登陆和保障陆军濒海侧翼等作战任务，也可参加海战
和两栖登陆作战。第二次世界大战后，护卫舰除为大型舰艇护航外，

主要用于近海警戒巡逻或护渔护航，舰上装备也逐渐现代化。在舰级划分上，美国和欧洲各国达成一致，将排水量在 3 000 吨以下的护卫舰和护航驱逐舰统一划为护卫舰。现代护卫舰满载排水量为 2 000～5 000 吨，航速为 30～35 节，续航力为 4 000～7 800 海里。

"公爵"级

"公爵"级护卫舰是英国在冷战时期建造的第二代护卫舰，是世界上静音效果最好的护卫舰，被认为是目前世界上最先进的护卫舰之一。"公爵"级护卫舰于 20 世纪 90 年代初期服役。由于自动化程度很高，所以这种大型护卫舰的舰员编制只有 181 人（其中 13 名军官）。"公爵"级设计建造领先的标志之一，是它在世界上最先使用了电力推进和燃气轮机联合推进的动力方式。采用这种总功率为 5 万千瓦的动力系统，使舰上的噪音大幅度降低，续航力大幅度提高。其标准排水量为 3 500 吨，总长为 133 米，宽为 16.1 米，吃水为 5.5 米，航速为 28 节/15 节（柴/电推进），以 15 节的航速，续航力达 7 800 海里。"公爵"级护卫舰上的火力配备非常先进。它装备有垂直发射方式的"海狼"舰对空导弹系统 2 座、垂直发射方式的"捕鲸叉"舰对舰导弹系统 2 座、三联装自导反潜鱼雷发射装置 2 座、大型"海王"反潜直升机 1 架。它还拥有先进的指挥系统和电子侦察系统，其电子战系统更是居世界一流。"公爵"级护卫舰是目前英国皇家海军建造数量最多的主力舰艇，构成了英国海军舰艇部队的骨干。

"佩里"级

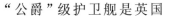

"佩里"级是美国海军中一级性能适中的通用型导弹护卫舰，具有多种战术用途，可以承担防空、反潜、护航和打击水面目标等作战任务，其主要使命是为编队提供防空和反潜能力。美国是世界上能够完

全依靠本国力量建造先进的大型护卫舰的国家之一,其建造能力和实际生产数量在世界大型护卫舰建造中占有相当大的比重。

"佩里"级是美国目前服役数量最多的护卫舰。每艘"佩里"级的造价近2亿美元,舰长为135.6米,宽为13.7米,吃水为7.5米,由总功率为4万千瓦的两台燃气轮机和两台辅助推进器组成动力装置,满载排水量为3 600吨,标准排水量为2 800吨,航速为30节,按20节计算的续航力为4 500海里。

"佩里"级是世界上建造量最大的一级护卫舰,从1975年到1988年,共生产了60艘(其中一部分出口)。它们列编服役后,每艘由200名舰员(15名军官,19名空勤人员)操控。

2. 海中狼群——潜艇

潜艇也称潜水艇,是一类能潜入水下活动和作战的舰艇,是海军的主要舰种之一。潜艇主要由艇体、操纵系统、动力装置、武器系统、导航系统、探测系统、通信设备、水面对抗设备、救生设备和居住生活设施等组成。潜艇能利用水层掩护进行隐蔽活动和对敌方实施突然袭击,但其自卫能力差,缺少有效的对空防御武器。

"基洛"级潜艇

"基洛"级潜艇是前苏联第一级水滴型常规动力潜艇。其首制艇于1979年在苏联共青城造船厂开工建造,1980年下水,次年正式服役。它采用了当时苏联最先进的技术装备,在柴油发电机组、推进电机、水声设备及武器装备系统等方面都非常优秀。"基洛"级潜艇长为73.8米,宽为9.9米,吃水为6.3米,水面排水量为2 350吨,水下排水量为3 076吨,水上航

"基洛"级潜艇

速为 11 节，水下为 18 节，下潜深度为 300 米，编制人数为 52 人。其优异的静音效果和强大的攻击能力把西方国家的同类潜艇远远甩在后面，因此西方国家称"基洛"级潜艇是深海大洋中的"黑洞"。鉴于其良好的战技性能，前苏联红宝石潜艇设计局不断对其改进，先后推出了 877M、877MK、877EKM 及 636、636M 等多个型号，形成一个庞大的"基洛"级潜艇家族。

"弗吉尼亚"级

"弗吉尼亚"级核潜艇是为了适应多维战争形势而设计的，具有隐身性能好、作战能力强和无限续航力的优点，并且拥有强大的水雷侦察能力。它能够完成反潜、反舰、布雷、对陆地目标实施精确攻击、搜集情报以及派遣或撤回特种作战人员等多种任务。

"弗吉尼亚"级水下排水量为 7 700 吨，长为 114.9 米，宽为 10.4 米，吃水为 9.3 米；艇上装备一座 S9G 压水反应堆、12 具"战斧"巡航导弹垂直

"弗吉尼亚"级

发射管、4 具 533 毫米鱼雷发射管，可发射"MK48"型鱼雷、"捕鲸叉"反舰导弹。

与"海狼"级相比，"弗吉尼亚"级的航速慢、携带武器少，但安静性丝毫不差。此外，"弗吉尼亚"级的电磁隐身性、侦察和特种作战能力均有显著提高。由于实现了高度自动化，艇上驾驶系统功能相当于飞机上的自动驾驶仪，"弗吉尼亚"级与"洛杉矶"级相比，所需操控艇员人数大为减少。

由于世界局势与美国海军作战需求的转变以及自身昂贵的造价，美国海军资料称，造价约 22 亿美元的"弗吉尼亚"级核潜艇是美军专门为应付冷战后威胁而研制的。

导弹艇

导弹艇是一种以舰艇导弹为主要武器，可对敌大、中型水面舰船实施导弹攻击的小型高速水面战斗舰艇，出现于 20 世纪 50 年代末，主要用于近岸海区与其他兵力协同，以编队或单艇对敌大、中型水面舰船实施导弹攻击，也可执行巡逻、警戒和反潜任务。由于导弹艇具有造价低、威力大的特点，一些中、小发展中国家纷纷装备使用，因此，西方国家曾嘲笑它是"穷国的武器"。第三次中东战争后，由于导弹艇在海战中的杰出表现而受到了世界各国的广泛重视。

导弹艇的排水量为数十吨至数百吨，航行速度一般为 30～40 节，有的可达 50 节，续航能力为 500～3 000 海里。艇上装有巡航式舰对舰导弹、20～76 毫米舰炮，以及各种鱼雷、水雷、深水炸弹和对空导弹等。此外，还有搜索探测、武器控制、通信导航、电子对抗和指挥控制自动化系统。导弹艇吨位小、航速高、机动灵活、攻击威力大，性能特点与鱼雷艇基本相同，但由于导弹在攻击距离、攻击准确性和突然性等方面要远远好于鱼雷，所以导弹艇的战斗力更为强大。

导弹艇的艇型有滑行艇、半滑行艇、排水型艇、气垫船和水翼艇等。

"哈米纳"级是芬兰建成服役的最新型导弹艇，也是当今世界同类舰艇中相当独特的一级。由于国家实力有限，芬兰海军长期以来一直奉行近海防御的战略思想，导弹艇这类中小型水面舰艇也因此在其海军中占有重要地位。经过近半个世纪以来坚持不懈的发展，芬兰导弹艇设计建造技术已经达到了世界先进水平。

"哈米纳"级在外观设计上具有很多优点，全舰从船体到上层结构都高度整合，尽量减少侧面锐角，而且十分注意抑制红外信号，具有很好的隐身效果。尤其是它采用新型涂

"哈米纳"级

料，将舰身涂饰成与北欧海陆复杂地形相谐的峡湾迷彩，使其具备了极佳的隐蔽特性。4艘"哈米纳"级的采购是芬兰海军努力增强其海上本土防御能力的重要投资之一。

"哈米纳"级最主要的任务是巡逻、空中及水面监视和保护芬兰沿海区域海岸线通讯。"哈米纳"级的最大设计速度是32节，巡航力为500海里/30节。

水陆皆栖——登陆舰艇

登陆舰艇又称两栖舰艇，是指专门用于运送登陆部队、装备和物资，并将它们送上无港口、码头等岸基设施的海岸，以及在登陆过程中进行指挥和火力支援的海军舰艇。两栖舰艇包括登陆舰、两栖指挥舰、两栖攻击舰等。登陆舰也称坦克登陆舰，排水量为15 000～20 000吨，可载坦克几辆至几十辆外加士兵数百名。它的续航能力一般为2 000～18 500海里，航速为12～20节。

两栖指挥舰出现于20世纪60年代末70年代初，是专门担负两栖战指挥任务、用来供两栖战指挥员和登陆部队指挥员指挥的两栖舰艇，舰上装备有大量电子观察通信设备和战术数据处理系统，以保证战斗指挥、通信联络的畅通。其排水量与两栖攻击舰相近，航速为20节左右。两栖攻击舰是20世纪60年代初诞生的，它实际上是一种直升机母舰，直升机可以在甲板上起飞和降落。1959年，美国开始建造世界上第一艘两栖攻击舰"硫黄岛"号；20世纪70年代初，又开始建造通用两栖攻击舰，这是集两栖攻击舰、两栖运输舰性能于一身的新型登陆舰。

登陆舰艇

"黄蜂"级

　　"黄蜂"级登陆舰是一级多用途两栖攻击舰,也是美海军首次利用新型气垫登陆艇和改进的"鹞"式垂直短距起降飞机支援登陆作战的舰艇。它是为取代退役的"硫黄岛"级两栖攻击舰而研发的,是美海军20世纪90年代和21世纪初的一级主要两栖战舰。该级舰的主要任务是支援登陆作战,其次是执行制海任务。

　　该级舰集直升机攻击舰、两栖攻击舰、船坞登陆舰、两栖运输舰、医院船等多种功能于一身,是名副其实的两栖作战多面手。该级舰长为257.3米,宽为42.7米,吃水为8.3米,满载排水量为40 500吨;飞行甲板长为250米,宽为32.3米;动力装置为2台蒸汽轮机,功率为14万马力;最大航速为22节,续航力为9 500海里/18节;舰员为1 077人。其机库面积为1 394平方米,有3层甲板高,可存放28架CH-46E直升机;飞行甲板上还可停放14架CH-46E或9架CH-53E直升机。舰尾部机库甲板下面是长为81.4米的坞舱,可运载12艘LCM6机械化登陆艇或3艘LCAC气垫登陆艇。该级舰还有较齐全的仅次于医院船的医疗设施,舰上有600张病床及多个手术室、诊室等。

3. 辅助舰船

　　辅助舰船亦称勤务舰船或军辅船,用于海上战斗保障、技术保障和后勤保障等勤务活动。船体多为排水型,钢材结构,采用柴油机或蒸汽轮机动力装置。其满载排水量小的只有十几吨,大的达数万吨,航速一般在30节以下。辅助舰船装备有适应其用途的装置和设备,有的装备有自卫武器,按用途分为侦察船、通信船、海道测量船、试验船、训练舰船、补给舰、修理船、医院船、基地勤务船等。

补给舰

　　补给舰,顾名思义是一种可在海上航行或停泊中为己方舰艇提供燃料、淡水、食品等消耗品和鱼雷、水雷、炮弹、导弹等武器的后勤保障舰只。它的作用是使海上编队减少对固定基地的依赖,使作战舰艇可通过航行补给延长活动半径,扩大海上编队作战活动范围,提高舰艇的在航率。可以说,补给舰是海军舰艇在远洋活动中的主要后勤保障船只。

补给舰的满载排水量一般在 5 000～50 000 吨,航速一般为 20 余节,包括综合补给船、油船、水船、弹药船、军需补给船、潜艇供应船等。舰上设有专门的液货、干货舱和补给装置。现代海上补给装置形式多样,按传递方式可分为纵向、横向和垂直补给三种;按补给物资的种类,可分为液货补给和干货补给两大类,而这两种分类又可交叉组合,构成多种类型。通常舰上装有对空自卫武器,可随海上编队航行实施伴随补给或在指定海区实施区域补给、机动补给。

补给舰性能的高低、数量的多寡是衡量一国海军是否具备真正远洋作战能力的重要标志之一,它是海军作战单元中最平凡又最有用的那类舰船

“萨克拉门托”级

“萨克拉门托”级综合补给舰是美国海军 20 世纪 60 年代建造的一级补给舰,它把油船、军火船和军需船的使命全部集中到一艘舰上,迄今仍是世界最大、航速最快的综合补给舰。其主要使命是伴随航空母舰特混舰队一起活动,为编队舰艇提供燃油、弹药、粮食、备品等各种消耗品的航行补给。

此级综合补给舰共建造了 4 艘,分别为“萨克拉门托”号、“坎登”号、“西雅图”号和“底特律”号。首制舰“萨克拉门托”号于 1961 年 6 月 30 日铺设龙骨,1963 年 9 月 14 日下水,1964 年 3 月 14 日正式服役。在美国海军舰队中,它的排水量仅次于航空母舰它实质上就是一座大型的“早需仓”。该

“萨克拉门托”级综合补给舰

舰长为 241.7 米,宽为 32.6 米,吃水为 12 米,满载排水量为 53 600 吨,最大航速为 26 节,船员为 600 人。舰上可携带 17.7 万桶燃油、2 150 吨弹药、750 吨干冷货物,共设有 15 个补给站,通常配有 3 架用于垂直补给的 UH-46 "海上骑士" 直升机。

布雷舰

布雷舰是用于基地、港口附近、航道、近岸海区以及江河湖泊布设水雷障碍的军舰。布雷舰艇的基本使命就是在本国沿海海域布设阵地雷阵和防御雷阵,也可兼负各种训练、供应、支援等任务;可在基地、港口、航道和近岸海域及江河湖泊水域进行防御布雷和

布雷舰

攻势布雷,包括远程布雷舰、基地布雷舰和布雷艇等类型。

布雷舰装载水雷较多,布雷定位精度较高,但隐蔽性较差、防御能力较弱,适合在己方兵力掩护下进行防御布雷。所以,一些国家新造布雷舰主要用于近海和沿岸布设防御水雷,一般是一舰多用,在设计时就考虑以布雷为主,战时布雷,平时兼作扫雷母舰、训练舰、潜艇母舰、快艇母舰、指挥舰和供应舰等。多用途布雷舰设有直升机平台,用于载运布雷直升机。

医院船

医院船是集海上救治与伤员后送为一体的专业船舶,船上配备有以战伤外科为主的医疗人员、科室及医疗设备、器具、药品、大量床位等相对完善的救护和后送设施,被称为 "海上医院"。作为可持续担负海上收容、救治、后送等多种职能的非武装勤务船舶,医院船很大程

度上等同于一所海上浮动医院。有关国际法明确规定：医院船的船体涂成白色，两舷和甲板标有深红十字、红色新月等标志；挂本国国旗，并在桅杆高处挂白底红十字旗；在任何情况下不受攻击和俘获。

大型医院船是现代海军的重要标志之一。在人类的海上军事活动及战争中，海上救护能力的水平和可靠程度对参战国人员的心理、士气乃至战斗力的保持和恢复都具有间接甚至直接的影响。进入高技术战争时代后，以各种导弹、制导炸弹为代表的高精度、大威力作战武器已经被广泛应用于现代海战，这些武器具有超出以往武器数倍的毁伤威力，在很短时间内即可造成大批人员伤亡，救治任务十分繁重。作为体现海上救护保障能力的主要标志之一，海军医院船具有无可替代的作用。

目前，世界上有美国、英国、加拿大、日本、中国等少数国家拥有具有远海医疗救护能力的医院船。其中，美国海军有两艘"仁慈"级医院船，主要在南美和东南亚国家定期进行医疗救援活动，并在发生大规模灾害之际提供紧急救援。英国有一艘私人医疗船"非洲爱心号"，主要为世界上欠发达地区或战乱地区提供慈善医疗活动。"和平方舟"号是我国专门为海上医疗救护"量身定做"的专业大型医院船，船上搭载的某些医疗设施装备达到三甲医院的水平。"和平方舟"号2008年底入列东海舰队，2009年，在海军成立60周年多国海军活动中首次公开亮相。

"仁慈"号和"舒适"号

"仁慈"号和"舒适"号医院船是美国海军专门的海上医疗设施，可提供三级卫勤支援，统一由美国军事海运司令部管辖。它们在战时提供机动医疗保障，尤其适宜战时为两栖特混部队、海军陆战队、快速反应部队以及陆、空军部队提供应急医疗支援和收治各类伤病员；平时又可为意外灾难提供医疗救护，还可在世界范围内实施医疗救援，近些年开始在美洲各国实施医疗救助，被称为提升软实力的行动。

"舒适"号于1986年服役，母港是美国巴尔的摩港。"仁慈"号医院船于1987年服役，母港是美国圣地亚哥港。两船都有可供大型军用直升飞机起降的甲板，每艘船都有一间急救室和12个功能齐全的手术室,共有病床 1 000 张,有充足的医院设备,包括 X 光室、CT 室、验光室、实验室、药房、氧气生产车间和血库,并且有洗消设备以应对可能受到的核,生化武器攻击的设备。"仁慈"号和"舒适"号医院船都是由"圣·克莱蒙特"级超级油轮改装而成的。

"舒适"号

二、民用船舶

当今船舶的用途绝不仅限于运输,不论是在科学调查、探测和研究领域,还是在工程建设、环境保护、渔业和石油开发等领域,都有现代化的民用船舶的影子。即使是运输船,也因运输对象的不同和装卸方式的差异,派生出形态功能各异的一系列新船舶,从而构成了专业化的民用船舶大家族。

1. 客 船

客船主要运载旅客及随身行李和邮件,同时也兼运旅客车辆和小批量货物,多以定期方式经营。客船的分类标准繁多,各分类间多有交叉。客轮通常航线固定、航班定期。随着远程航空运输的发展,海上客轮已转向沿海和近海短程运输,并多从事旅游业务;内陆水域的客轮仍是许多国家的一种重要的客运工具。

2. 客 轮

根据《国际海上人命安全公约》,凡载客 12 人以上的船舶即为客轮,无论其是否同时载有货物。那么,我们该如何辨识客轮呢?可以从客轮的两个主要特征入手：一是客轮具有长而高的建筑特点；二是船体上有一系列的公牛眼（圆形的船窗）。此外，客在上层建筑发达，用于布置旅客舱室；旅客舱室具有良好的采光、照明、空气调节、卫生等设施设备；抗沉、防火、救生等方面的安全要求较严格；减摇、隔音、避震等方面的舒适性要求高；航速较快和功率储备较大。

客轮通常航线固定、航班定期。随着远程航空运输的发展，海上客轮已转向沿海和近海短程运输，并多从事旅游业务；内陆水域的客轮仍是许多国家的一种重要的客运工具。通常，客轮分为以下五种类型：海洋客轮，包括远洋和沿海客轮；旅游轮，又称游轮，供游览用；汽车客轮和滚装客货轮；内河客轮；小型高速客轮。

"大东方"号客轮

"大东方"号客轮是一艘在世界船舶史上具有里程碑意义的英国客轮，在当时不仅是一座空前的大船，而且在设计上有许多创新，为以后船舶的发展奠定了基础。
"大东方"号客轮长为 211米，宽为 25米，吃水为 8.9米，排水量为 32 160 吨，是当时最大商船的 5 倍。"大东方"号本是为开辟欧洲到澳大利亚的航线而设计的，装修豪华，耗资巨大，可是在横渡大西洋的处女航时竟只有 35位乘客，其后每个航次都

"大东方"号

亏损严重。"大东方"号虽然是世界上首屈一指的巨轮，但最后只以2.5 万英镑被拍卖，改装成在大西洋铺设海底电缆的布缆船。

"泰坦尼克"号客轮

"泰坦尼克"号是 20 世纪初英国白星航运公司的一艘大型豪华客

"泰坦尼克"号

轮,被称为"梦幻客轮"。1912年4月10日,泰坦尼克号完工后进行处女航,线路为爱尔兰的昆斯敦到美国纽约。船东希望该船能创造横越大西洋的航速纪录,便令船长选取靠近北方的英国到美国距离最短的航线。船上载有旅客及船员2 223人。船在航行的第4天的半夜前,在纽芬兰外海的大岸滩附近触撞了冰山,船右舷水下9米处的船体被拉开了一个长90米的大孔洞,2个半小时后沉没,船上的1 517名旅客和船员葬身于冰海之中,救生艇数量不足是导致众多人员死亡的原因之一。这是和平时期最严重的航海事故之一,也是迄今为止最著名的一次海难。电影《泰坦尼克号》就是根据这一真实海难事件而改编的。杰克和罗斯的爱情故事打动了无数人,电影中杰克在船头从后面环抱罗斯的镜头更是成为永恒的经典。

3. 渡 轮

渡轮不像客轮那样以运送旅客为主,而是在运送旅客的同时还要运送车辆、货物等渡江、渡河或渡过海峡。根据运送主体,可以将渡轮分为三大类:客渡,汽车渡轮,火车渡轮。

在河流或者海湾阻扰了人们共同生活或贸易的地方,为了通行,人们修建了桥梁,但当技术上的限制而无法修建桥梁时,人们便使用渡轮。起初,渡轮只是河流或海峡上的小型木质交通运输工具。随着科技的进步,出现了一种新型渡轮,它将陆上交通工具运送到对岸,汽车通过跳板上下渡船,这就是汽车渡轮。19世纪中叶,当世界各地都在修建铁路时,人们又遇到了难题:怎样将岛屿纳入交通网中?于是,火车渡轮出现了,人们在船的甲板上铺设了轨道并与陆地上的铁轨相吻合,火车车厢便滚动到船上,利用船实现水上运输。从最初简易的客渡到汽车渡轮再到复杂的火车渡轮,这便是渡轮一步步发展演变的历史。

"粤海铁 1"号渡轮

"粤海铁 1"号渡轮在我国的渡轮发展史上具有重要意义，长为 165.4 米，宽为 22.6 米，排水量为 13 400 吨，载重量为 5 600 吨，设计最小航速为 15 节，跨越琼州海峡约需 50 分钟。该船有两层载货甲板和四层客舱：主甲板为开敞式火车甲板，可载货物列车 40 节或旅客列车 18 节，上甲板可载 50 辆汽车；四层客舱中，第一、二层是旅客休息室，第三层是船员室，第四层是驾驶室，可运载旅客 1 360 人。

"粤海铁 1"号火车渡轮由粤海铁路有限责

"粤海铁 1"号

任公司投资，中国船舶工业第 708 研究所设计，上海江南造船（集团）有限责任公司承建，总造价为 2.1 亿元。"粤海铁 1"号与西环铁路一起，圆了海南人坐火车出岛的百年梦想，同时它还拥有多项中国铁路史上独创的技术，如安装有一整套减摇平衡系统，保证火车上船时不会发生任何角度的倾斜；船体还可像螃蟹一样横行，甚至可以原地打转；安装有自动驾驶系统以及卫星导航系统等先进设备，等等。

4. 邮　轮

看到邮轮这个名字，我们可能多会想到其是用来传递信件的船舶。确实，早期的邮轮以传递信件为主，不过发展到今天，邮轮的作用已经发生了巨大的变化。现在的邮轮已经变成一种选择阳光充足的线路、向美丽的海港航行、为游客提供享乐旅程的客轮，因而也被称为游轮。

现在的邮轮多是旅游性质的，就像是一座座流动的大酒店，船上的娱乐设施及奢华服务被视为旅程中不可缺少的重要部分。这既是邮轮的最大特点，又是邮轮最吸引旅客的地方。我们在生活中经常会见到媒体将豪华游轮称为"邮轮"，那么，邮轮这个名字是怎么来的呢？是不是像上文我们按字面意思理解的那样，只是单单以传递信件为主呢？

最初，在交通不十分发达的年代，国家间或洲际传递邮件的任务往往只能委托那些航行在特定航线上的、航速较快的大型客船来完成。于是，这些大型客船在承担着载运乘客任务的同时还承担着邮政重任。因此，人们习惯将这种大型客船叫做"邮轮"。如今，随着航空业的发展，跨国传送邮件的任务由飞机来承担了，现在的邮轮成为大型豪华游轮的一种别称。

"玛丽女王二"号

"玛丽女王二"号是"海洋绿洲"号建造前世界上最庞大、最昂贵的邮轮，由英国卡纳德公司投资建造，船长为 345 米，高为 72 米，宽为 41 米，排水为 76 000 吨，造价高达 7.8 亿美元。船体内分成 30 层甲板，有 1 370 套豪华套房，可容纳 3 056 位旅客，近 70％的客房都有单独的海景阳台。船上还有 14 个风格各异的酒吧，10 个就餐区，5 个泳池，8 个按摩池。最大的餐厅可供 1 250 人同时就餐，有欧洲各国和亚洲中、印等国口味的饮食供应。有可容纳千人的多功能厅，亦可兼作影剧院和天文馆。有大舞厅和夜总会，有赌厅、健身房、篮球场、网球场等，还有图书馆以及 20 余家名牌时尚用品商店。

"玛丽女王二"号的辉煌在于它的庄重与典雅。船上的公共活动场合都有一些反映不同文化和历史背景的大型壁画。游客所到之处，10 步之内必有艺术作品：浮雕、壁画、油画、水彩画，宛如一所陈列艺术品的殿堂；钢琴与小提琴、爵士

邮轮

乐和流行乐演奏相得益彰；其庄重与典雅让人流连忘返。

5. 货　船

以载运货物为主的轮船称为货船，世界上大概95％以上的船队都是由货船组成的。由于造船技术的不断进步，货船在性能、设备方面日益改进，并因特殊的货物运输要求而制造出了各种不同的专用船舶。根据所载货物种类和行驶航线

货船

的不同，其构造、性能、速率、设备也各有不同，比较典型的有以下几种。

驳船，按用途分为客驳和货驳，其中货驳专门用于载运货物。

油轮，是油船的俗称，是指载运散装石油或成品油的液货运输船舶。

集装箱船，是指以载运集装箱为主的运输船舶。

拖船，设有拖曳设备，专用于在水上拖曳船舶或其他浮体的船。

冷藏船，使鱼、肉、水果、蔬菜等易腐食品处于冻结状态或某种低温条件下进行载运的专用运输船舶。

"御夫座领袖"号

全球首艘以太阳能为动力的大型汽车载运船"御夫座领袖"号货船于2008年12月19日在日本三菱重工神户船厂正式建成，引起了船运及环境保护界的广泛关注。该船长为200米，排水量达60 213吨，可以运载6 400辆汽车。

该船装有328片太阳能电池板，其发电量为43.6千瓦，可以节约该轮50％动力能源消耗。"御夫座领袖"号并不是全部依靠太阳能驱动的，严格地说，是太阳能发电助动，因此必须同时配备船舶柴油主

机。由于太阳能电池板发电系统直接可以用来驱动船舶航行,因此其柴油主机功率、体型、管路和机舱等等可以相应缩小和简化,从而可以腾出更多的舱容载运更多货物。

该船更加突出的功能就是节约石油能源,废气排放量大幅度降低,海洋环保性能非常优异。数据显示,海上运输排放的二氧化碳,占了全球其总排放量的 1.4% ～ 4.5%。虽然"御夫座领袖号"利用太阳能辅助供电可能还只是一小步,但这绝对是朝着正确方向迈出的重要一步。

6. 油 轮

说到油轮,大家一定都不陌生。油轮运送的是和人们日常生活最为密切的一种货物——石油,载运散装石油或成品油的液货运输船舶

油轮

便被称为油轮。油轮是液货船家族中最典型的一类。液货船中除了油轮,还有液化气船和液体化学品船。

因油轮经常为单方向运输,回程则需向舱内注入压载水,以保持船舶稳定性,故压载水排放、洗舱水排放须进行油水分离的防污染处理。如果发生大规模的海洋石油污染事故,将会带来灾难性的后果,所以一定要提高警惕,防患于未然。

"诺克·耐维斯"号

"诺克·耐维斯"号油轮曾是世界上最大的油轮,由日本横须贺市的追浜造船于 1976 年 12 月建成,长为 458.45 米,宽为 68.86 米,总排水量为 260 941 吨。该油轮几经易主,名字也是换来换去。最初叫

"海上巨人"号，是一名希腊船运业者订购，但是这个可怜的商人在船只尚未完工之前就破产了，于是将这艘油轮转卖给了香港籍的船王董浩云。1981年，"海上巨人"号油轮终于建成，其主要任务是在墨西哥湾与加勒比海一带运输原油，但由于时处两伊战争期间，不幸在 1988 年 5 月 14 日航经霍尔

"诺克·耐维斯"号

木兹海峡时遭伊拉克战机导弹重创，沉没在伊朗的浅海海域。直到两伊战争结束，油轮才得以被打捞出水。1989 年该油轮被转卖给挪威的海运公司。该轮在打捞起来后被拖至新加坡的吉宝船厂进行大规模修复后复出，并且改名为"快乐巨人"号。在历经十余年的运营后，该轮被转卖给了新加坡籍的第一奥森油轮公司，并且改名为"诺克·耐维斯"号；2009 年 12 月，再度被卖给印度，命名为"Mont"号；2010 年 1 月 4 日，于印度 Alang 市拆解。

7. 集装箱船

集装箱是指有标准尺度和强度、专供运输业务中周转使用的大型装货箱。推而广之，以载运集装箱为主的运输船舶便称为集装箱船。集装箱船的发展是当代航运业发展的一个重要标志，它把货物运输带入了一个新的时代。集装箱船是一种新型的货船，在其诞生乃至广泛使用之前，人们多是用散货船来运输货物（散货船是用来装载无包装的大宗货物的船只，依所装货物种类的不同，又可分为粮谷船、煤船和矿砂船等）。

"伊夫林·马士基"号

航运巨头丹麦马士基公司的"伊夫林·马士基"号集装箱船是全球最大的集装箱巨轮之一。该船长为 397.7 米，宽为 56.4 米，高为

76.5 米，长度比美国海军的"尼米兹"级航空母舰还要长近 60 米，垂直竖起来比埃菲尔铁塔还高，满载最大吃水深度达 30 米，可载箱量为 1.3 万标准箱。这些集装箱若用火车运输，车厢总长度将达 71 千米。它是世界上第一艘船体宽度达到可

"伊夫林·马士基"号

放 22 排集装箱的船舶，超过了一般起重机操作 18 排集装箱的限度。"伊夫林·马士基"号也是世界上最环保、设备最先进的集装箱船舶之一，船上设备高度自动化，用计算机系统全面监控，仅需 13 名船员操作。

"中远大洋洲"号

"中远大洋洲"号集装箱船的成功建造，标志着我国的集装箱船建造水平达到了一个新的高度，成为继韩国和丹麦之后第三个能够自主建造 10 000TEU 级别集装箱船的国家，在我国的船舶建造史上具有重要意义。"中远大洋洲"号是国内建造的集装箱船中载箱数量最大、航速最快，技术性能最先进的大型集装箱船之一。该船长为 348.5 米，宽为 45.6 米，排水量为 14 万吨，航速为 25.8 节，共可装载 10 062 个标准集装箱。自 2007 年 6 月 5 日开工，至建成交船，建造周期仅 10 个月，也是我国南通中远川崎公司第一次承建这种类型的船舶。该船在整体设计、动力装置、建造工艺、船舶安全以及节能减排等方面均达到了国内领先、国际先进的水平。

"中远大洋洲"号

三、专用船只

随着人类对海洋了解的增多和研究的深入,人类与海洋的关系日益紧密,对海洋的开发和利用也提出了更多的要求,同时随着科技的进步,船舶逐渐实现专业化,从而出现了气垫船、工程船、科学考察船、石油勘探船、观光潜艇、航天测量船等许多全新的船型。

1. 气垫船

气垫船浮在水面上既不是利用浮力,也不是利用水动力(举力),而是利用船底与水面间的空气静力支持,即利用气垫支持航行在水面上。由于船体离开水面,所以受到的水阻力就非常小,从而提高了航速,最高可达80节。因而,我们可以给气垫船下这样的定义:气垫船是利用高压空气在船底和水面(或地面)间形成气垫,使船体部分或全部垫升而实现高速航行的船舶。气垫船既可以在地面上行驶,也可以在水面上行驶;在地面上行驶时不需要修筑公路,非常方便。

气垫的形成方法有很多,可以以此将气垫船分为三类:全垫升式、侧壁式和冲压式。

气垫船是英国工程师科克雷尔发明的。19世纪初,已有人认识到把压缩空气打入船底下可以减少航行阻力而提高航速。1953年,英国人科克雷尔提出气垫理论,经过大量试验后,于1959年建成世界上第一艘长9米、宽7米、重4吨的气垫船,并于当年成功横渡了38千米宽的英吉利海峡。1964年以后,气垫船类型增多,应用日益广泛。目前,气垫船多用做高速短途客船、交通船、渡船等,航速可达60～80节。

"慈平"号气垫船是一艘曾往返于我国慈溪市与上海市之间的著名气垫客船,全长为

"伊夫林·马士基"号

23.4米,宽为8.8米,高为15.5米,总重为40吨,航速为80千米/小时。它既能在水上平稳舒适地航行,又能在沼泽、滩涂"陆上行舟",还能飞过0.8米高的障碍物、跨越2米宽的沟壑、爬上15°的坡,是在特殊地理环境中的理想高速运输工具。

2. 科学考察船

辽阔大海的神秘面纱,正慢慢被解开;越来越多的海洋物种为我们所了解,越来越多的神奇现象有了科学的解释;所有这一切都离不开科学考察船。为了认识、了解海洋,必须建造各种科学考察船舶远赴各大洋去勘察取样并进行各学科门类的研究,但因考察科学领域及环境的不同,科考船的结构及性能也有所不同。例如,"向阳红10"号是中国一艘主要承担海洋人文、气象、水声等学科调查研究的远洋综合科学考察船,而"雪龙"号是中国一艘能在极地海区航行的科考船,具有超强的破冰能力。

"向阳红10"号是中国自行设计制造的第一艘万吨级远洋科学考察船。由中国船舶及海洋工程设计研究院和江南造船厂设计建造,长为156.2米,排水量为1.3万吨,双桨双舵,于1979年10月交付使用。1999年7月被成功改装为"远望4"号科学测量船,并先后参加了"神舟5"号、"神舟6"号的远洋测控任务。由于"向阳红10"号设计建造的成功和在海洋科学研究中的成就,被评为"中国十大名船"第三位。

"雪龙"号

"雪龙"号极地考察船是我国从乌克兰引进的第三代极地破冰考察船。自1994年10月首航南极以来,已先后11次赴南极,3次赴北极执行科学考察与补给运输任务。"雪龙"号这个名字是第一任南极考察委员会主任武恒起的名字,"雪"代表南极的冰雪世界,"龙"代表中国。

"雪龙"号是我国最大的极地考察船,也是目前我国唯一能在极地破冰前行的船只,排水量为11 400吨,能以0.5节的航速,连续冲破1.2米厚的冰层。船上装有可调式螺旋桨,航行时操作灵活,有利于破

"雪龙"号

冰。船体用 E 级钢板制作，即使在 -40℃的严寒气候条件下也不会变形。

"雪龙"号可运输杂货、大型货物及各种车辆、冷藏货物、贵重货物以及各种油料等。经升级改造后，其主甲板以上的所有设备全部更新。船上的实验室面积也从原来的 200 多平方米扩大到 580 平方米，并全部更换了实验室设备。改造后的"雪龙"号具有先进的导航、定位、自动驾驶系统，配备有先进的通讯系统及能容纳两架直升机的平台、机库和配套设备。船上设有大气、水文、生物、计算机数据处理中心，气象分析预报中心和海洋物理、化学、生物、地质、气象等一系列科学考察实验室，并可航行于世界任何海区。

"向阳红 10"号

3. 渔 船

在众多的专用船舶中，我们最熟悉且和日常生活关系最为密切的莫过于渔船了。人们每天都能吃到的各种干、鲜海味，都是渔船的功劳。渔船的概念很宽泛，并不限于我们所认为的捕鱼所用的船舶。它既包括用来捕捞和采收水生动植物的船舶，也包括现代捕捞生产的一些辅助船只，如进行水产品加工、运输、养殖、资源调查、渔业指导和训练以及执行渔政任务等的船舶。

按渔船所担负的任务，可分为捕捞渔船和渔业辅助船。捕捞渔船大家都很熟悉，就是我们所熟知的、在海洋进行水产品捕捞的船舶，主

渔船

要分为拖网渔船、围网渔船、流网渔船三大类。渔业辅助船，不直接从事渔业捕捞活动，主要从事除捕捞作业外与渔业生产有关的其他活动，包括养殖船、水产品运输船、渔业指导船、冷藏加工船、渔政船、供应船等。捕捞渔船和渔业辅助船相辅相成，缺一不可，离开了哪一种，我们可能都无法在餐桌上吃到用海鲜做的美味佳肴了。

4. 石油勘探船

人们的生活每时每刻都离不开石油。为了开发海洋石油资源，石油勘探船应运而生。这是一种专门用于勘探石油的船只，它可以到不同的海域勘探海底的石油储存量。石油勘探船上装有许多先进的探测装备，能协助工作人员更好地进行石油的勘探与开发。正是由于石油勘探船的广泛应用，海洋石油资源的探明储量越来越多，海洋石油资源的开采量也逐年增加。

"勘探1"号石油勘探船

"勘探1"号是由2艘3 000吨级沿海货轮拼装而成的双体双机、双螺旋桨的浮式海底石油勘探船，由沪东造船厂1972年建成下水。其总长为99.23米，宽为33米，航速为12节，排水量为7 960吨，用于在我国

"勘探1"号

黄、南海水深 30～100 米范围的海域内进行石油普查工作，为我国的海洋石油普查作出了重要贡献。

5. 破冰船

气候异常寒冷导致海水结冰，船舶无法正常行驶，怎么办？别担心，破冰船可以解决这个问题。尤其是去南、北两

破冰船

极进行科学考察活动，更是离不开破冰船的开道。所以说，破冰船是用来破开结冰航道，引导船舶安全航行的专业船舶。破冰船能执行破冰的任务与其结构特点分不开：破冰船船体宽、船壳厚、功率大；其长宽比例同一般海船大不一样，纵向短，横向宽，可以开辟较宽的航道。

6. 消防船

消防船在陆地上人们可以使用消防车执行灭火任务，在海上也有执行相同任务的工具，这便是"海上消防车"——消防船。消防船是海上消防所需的船舶的统称，消防船上装备有消防泵、高压喷水枪、船用导航仪器等设备及各种灭火材料，并配有救护人员和医疗设备。消防船一般漆成红色，从外观上很容易辨识。它航速较高，并有良好的耐波性和可操作性，从而能在狭窄水道和拥挤港口内执行消防任务。

消防船

7. 打捞船

由于海洋环境的复杂性，海洋考古一直存在

着各种困难,尤其是深埋海底的古沉船打捞更曾被认为是不可能完成的任务。2007年底"南海一"号古沉船被打捞出水,完成了海洋考古的一大壮举,这离不开打捞船的功劳。打捞船是指用来打捞水下沉船、沉物及水面漂流物的船只,分内

打捞船

河打捞船和海洋打捞船两种。前者只配有吊杆、绞车及简易潜水设备,后者则配有大型起吊设备及潜水、压缩空气、水下电焊、水下切割等设备。打捞是一项综合性技术,涉及测量、潜水、水下切割、封堵、水下爆破和水下焊接等。沉船可用多种方法打捞,这些方法可单独采用,也可几种方法联合采用,视具体需要而定。

8. 观光潜艇

潜艇自发明以来一直被用于军事领域,是海战中的一把利器,是各国军事力量的重要组成部分。但近年来,随着人们生活水平的提高、旅游需求的不断扩大,潜艇逐渐走入人们的生活中,一个重要标志就是观光旅游潜艇的出现。

"美人鱼"号

"美人鱼"号观光潜艇是国内运营的第一艘全潜式水下观光潜艇。潜艇全长为18.6米,净重为106吨,能承载46人,最深能潜入水下75米,可在0~45米水深范围内任意潜浮。潜艇能到达潜水观光无法到达的地方,体验潜水无法感受到的奇异风情。直径达798毫米的观景窗口和直径达1 270毫

米的观察驾驶玻璃窗,可带参观者领略绚丽多姿的海洋世界,近距离观赏最有特色的软硬珊瑚、色彩斑斓的热带鱼、形态各异的海底生物,令人仿佛置身于珊瑚及千姿百态的海洋鱼类之中。

四、运动艇

在项目繁多的水上运动中,船类竞技项目是与船舶关系最为密切的。这里主要介绍帆船和帆板两种海上运动艇。

1. 帆　船

帆船比赛是运动员驾驶帆船在规定的场地内比赛速度的一种比赛项目,集竞技、娱乐、观赏、探险于一体。帆船作为运动项目,最早的文字记载见于 2 000 多年前古罗马诗人维吉尔的作品中。到了 13 世纪,威尼斯开始定期举行帆船比赛,当时比赛船只没

帆船

有统一的规格和级别。18 世纪,帆船俱乐部和帆船协会相继诞生。帆船比赛受项目特点所限,比赛场地一般离岸较远,所以观众在岸上很难看清比赛中的细节;即使自己有船也只能在划定的比赛区域之外观看,而且每个级别都要比赛好几天才能分出胜负。

2. 帆　板

帆板运动是介于帆船和冲浪之间的新兴水上运动项目。帆板由带有稳向板的板体、有万向节的桅杆、帆和帆杆组成。运动员利用吹到帆上的自然风力,站到板上,通过帆杆操纵帆使帆板在水面上行驶,

帆板运动

靠改变帆的受风中心和板体的重心位置在水上转向。因和冲浪运动有密切关系,故又称风力冲浪板或滑浪风帆。

帆板运动是一项新兴的体育项目,首届世界帆板锦标赛于1974年举行,现在国际帆板协会每年举行多次国际比赛。1981年帆板作为帆船的一个级别被接纳为奥运会大家庭的一员,1984年洛杉矶奥运会第一次把帆板列为正式比赛项目。

我国的帆板运动始于20世纪70年代末;1981年,我国举办了全国性帆板比赛。经过短短10余年的努力,我国运动员在世界性比赛中共获得5次世界冠军、8次亚运会冠军和1次奥运会亚军。随着社会经济的不断发展,越来越多的人投入到帆板的业余训练和比赛中来;帆板运动成为人们休闲、度假、运动健身的一个新时尚,越来越多的人投入自然的怀抱中,体会披风斩浪的感觉。

第六部分　探秘海底篇

一、海洋考古

沧桑变迁和火山地震,埋葬了许多文明发达的城镇;风暴波涛和战火硝烟,吞噬了无数的船舶。这些被湮没的宝藏,见证了人类文明的发展,埋藏着无法估量的财富。随着人类对海洋认识和了解的深入,它们中有的已经被发现,有的仍在被遗忘。

1. "泥沙之城"——埃及赫拉克利翁古城和东坎诺帕斯古城

2000 年,高迪奥宣称他在 7 米深的海水中发现了两处遗址,包括残墙、倒塌的庙宇、栏杆和雕塑等。第一处遗址大概位于距离现在海岸线 1 600 米处。在随后的挖掘中,高迪奥的考古团队还发现了公元前 600 年的钱币、护身符和珠宝首饰等。考古学家们从一块石板上的文字中了解到,这座城市的名称为赫拉克利翁。石板上刻着当时的税务法令,签署者为奈科坦尼布一世。奈科坦尼布一世曾是公元前 380～前 362 年间的埃及统治者。考古团队还确认了两座庙宇,庙宇里分别供奉着古希腊神话中的英雄赫拉克勒斯和埃及主神阿门。就在赫拉克勒斯神庙北方,潜水者

古埃及女神伊希斯的塑像

还发现了许多青铜器。考古学家认为,这些青铜器可能主要用于祭祀。第二处遗址发现于数千米之外,考古学家认定它为东坎诺帕斯古城遗址。

2. "农业生产革命遗址"——以色列亚特利特雅姆古村落

在以色列海法附近的地中海海域,距离岸边大约1千米的位置,沉睡着一个古老的村庄。这座古老的村庄在水下保存完好,大量的象鼻虫躲在村庄的粮仓中,人类的骨架平静地躺在各自的坟墓里,一个神秘的怪石圈仍然站立在那儿,就像当初刚刚被竖立时一样。

水下巨石阵

这个水下村庄就是亚特利特雅姆古村落。亚特利特雅姆古村落大约存在于公元前7000年,面积约为4万平方米,是目前已发现的最古老的沉没定居点。那里没有规划完整的街道,因此考古学家将其定位为村庄而不是城镇。不过在这个古村落中,人们居住的是石头砌的大型房屋,房屋中有铺砌的地板、壁炉,甚至还有存储设施。

帕夫洛彼特里古城墙

3. "荷马时代港口"——希腊帕夫洛彼特里

希腊帕夫洛彼特里市应该是已知最早的沉没城市。这里曾经是青铜器时代最繁忙的港口之一,如今已沉没,遗迹位于希腊最南端的一个海湾水面4米以下,让人不禁咏叹繁华落尽的悲哀。1968年,弗莱明及其学生对帕夫洛彼特里遗址进行了测量和研究。他们发现,遗址上到处散落着公元前1600～前1100年的古希腊迈锡尼文明时期的陶器碎片。然而,他并没有在遗址上发现码头或是港口的任何痕迹。对帕夫洛彼特里的研究并未终止,探索还在继续。

4. 西班牙"阿托卡夫人"号

1622年8月,"阿托卡夫人"号所在的由29艘船组成的船队载满

探访"阿托卡夫人"号

财宝从南美返回西班牙。由于是护卫船,大家把数量巨大的财宝放在"阿托卡夫人"号上。当船队航行到哈瓦那海域时,飓风席卷了船队中落在最后的5艘船。"阿托卡夫人"号上的宝藏完全是以量取胜,以吨计的黄金使它排在世界十大宝藏的第三位。沉船上有

40吨财宝,其中黄金将近8吨,宝石也有500千克,所有财宝的价值约为4亿美元。数量巨大的宝藏也印证了殖民者的罪恶:当年,西班牙对南美洲殖民采用了最野蛮的方式进行掠夺,一船又一船的金银财宝成为殖民掠夺的罪证。

5. 西班牙"圣荷西"号

1708年5月28日,是一个晴朗的日子。西班牙大帆船"圣荷西"号缓缓从巴拿马起航,向西班牙领海驶去。这艘船上载满着至少价值10亿美

西班牙大帆船模型

元的金条、银条、金币、金铸灯台等。当时,西班牙与英国、荷兰等国正处于敌对状态,英国著名海军将领韦格率领着一支强大的舰队正在巡逻,危险随时会降临在"圣荷西"号上。然而,归国心切的"圣荷西"号船长费德兹对此却全然不顾。"圣荷西"号帆船平安行驶了几天后,6月8日,当人们惊恐地看到前面海域上一字排开的英国舰队时,全都傻了眼。猛然间,炮火密布,水柱冲天,炮弹落在"圣荷西"号的甲板上,海水渐渐吞噬了巨大的船体,"圣荷西"号连同600多名船员以及无数珍宝在爆炸声中沉入海底。西班牙人为自己的盲目懈怠付出了沉重的代价。

6. "中美"号淘金船

美洲地区在西方殖民地时代以来隐没了大量的宝藏,有"美洲八大宝藏"之说。其中有两大宝藏在沉船中,一艘沉船是著名的"圣荷西"号,与它齐名的是西班牙的"中美"号。1849年,美国加利福尼亚发现金矿,一时间便掀起淘金热,各地的冒险者云集于此,他们携带家眷,开始了淘金的行程。1857年9月8日,一艘满载黄金的淘金船离开巴拿马,驶向纽约。两天后,他们遇上了意料不到的灾难。这艘汽船吃水太深,加上遇到飓风,船舱破裂,海水涌了进来,一望无际的大海使这群千里寻金的人绝望了,423名淘金者连同那无法估量的黄金葬身海底。"中美"号上最大的金块重达半吨,加上其他的3吨黄金及大量金币,价值估计高达10亿美元。

7. "南海 I"号

在海底沉睡多年的"南海 I"号为南宋时期商船,沉没于广东省阳江市东平港以南约20海里处,船舱内保存文物总数估计为6万~8万件。2007年12月22日,"南海 I"号完整出水;27日

"南海 I"号文物打捞作业

凌晨,沉井完全登陆,实现整体打捞的成功;28日,沉船成功入住"水晶宫"。至此,轰轰烈烈的打捞工程竣工,"南海Ⅰ"号迎来新生。

海上丝绸之路博物馆位于广东阳江"十里银滩"上。它是一个巨型玻璃缸,其水质、温度及其他环境都与沉船所在的海底情况完全一样。通过"水晶宫"的透明墙壁,还可以看到水下考古工作者潜水发掘打捞文物的示范表演。入住造价达 1.5 亿元的"豪宅",也只有"南海Ⅰ"号能享受这样的待遇了。

二、海底形貌

提起一碧万顷、波涛汹涌的大海,许多人都有直观的印象;可是对于海底的世界,人们却知之甚少。从龙宫到波塞冬神殿,人们对海底的世界有太多的猜测与幻想。其实,海底有千变万化的地形,也有深邃的沟壑、广阔的平原,还有无垠的高原、雄伟的山脉,与我们熟悉的陆地并无二致。

1. 三大假说

魏格纳的大陆漂移说主张地球表层存在着大规模的水平运动,海洋和陆地的分布格局处在永恒的运动变化过程中,作为新地球观的活动论思想即由此发端,在地学界引起了轰动。

大陆漂移说能够合理地解释许多在古生物、古气候、地层和构造等方面的事实,但限于当时的认识水平,又缺乏占地球表面总面积 71% 的海洋底的资料,再加上魏格纳未能合理地解释大陆漂移的机制(即什么力量推动大陆漂移)问题,大陆

魏格纳

漂移说盛行一时后便逐渐沉寂下来。1930年魏格纳在格陵兰考察不幸遇难后,就很少再被人提起。直到20世纪50年代,特别是进入60年代后,海底扩张和板块构造学说的相继问世,赋予了大陆漂移说以新的内涵。

洋壳在周期性更新——海底扩张假说:1961年,美国科学家迪茨首先在世界著名杂志《自然》(Nature)上发表了具有历史意义的论文《用海底扩张说解释大陆和洋盆的演化》,提出了"海底扩张"这一术语,精炼地阐明了海底扩张的基本思想。而海底扩张的基本概念最初是美国另一位科学家——普林斯顿大学的赫斯教授孕育的。他于1960年就写成了那篇流芳后世的经典论文《大洋盆地的历史》,提出了一个清晰而又使人易于理解的关于海底从生成到消亡这一过程的全新模式。将赫斯和迪茨的观点加以综合、概括,海底扩张模式可以表述如下:大洋中脊轴部裂谷带是热地幔物质涌升的出口,涌出的地幔物质冷凝形成新洋底,新洋底同时推动先期形成的较老洋底向两侧扩展。

关于新全球构造理论——板块构造学说:1965年,威尔逊发表了论述"转换断层"的论文,在这篇论文中勾画出了板块构造的最初轮廓,"板块"这一术语就是在这篇论文中首先提出的。后经摩根、麦肯齐、帕克、勒皮雄等人的不断综合和完善,于1968年正式确立了"板块构造"学说,运动间的关系,使板块构造研究向前推进了一大步。

板块构造学说的创立是人类对地球认识的一次历史性突破,其基本观点可以概括如下:地球最上部被划分为刚性的岩石圈和呈塑性的软流圈,岩石圈可以漂浮在软流圈之上做侧向运动。全球岩石圈并非"铁板一块",它被一系列构造活动(主要是地震活动)带分割成许多大小不等的球面板状块体,每个这样的块体就叫做岩石圈板块,简称板块。

板块构造学说认为,大洋的张开(形成)和闭合(消亡)与大陆的分离和拼合是相辅相成的。这正好体现了岩石圈板块从分离、水平扩张到汇聚的运动过程。

2. 揭开海底世界的神秘面纱

现代科学技术的发展，已能从空中、海面和水下多方位、多层面对海底进行多维观测，巨厚的海水不再是人们认识海底世界的屏障，所获资料已能使人类认识海底系统而明晰的轮廓。从海边向大洋中心，可将海底世界分为三大部分：大陆边缘、大洋盆地和大洋中脊。

3. 大陆边缘

大陆边缘是大陆与大洋之间的过渡地带，按照其在全球板块格局中所处的位置，又有稳定型和活动型之分。稳定型大陆边缘位于板块内部，没有现代火山活动，也极少有地震活动，即使偶尔发生与地面断裂有关的地震，强度也不会太大，在地质构造上是稳定的，以大西洋两侧的美洲与欧洲、非洲大陆边缘较为典型，所以也被称为大西洋型大陆边缘。此外，这类大陆边缘也广泛分布在印度洋和北冰洋周围。稳定型大陆边缘由大陆架、大陆坡和大陆隆三部分组成。

大陆架简称陆架，也有人称之为大陆棚或大陆浅滩。按照 1958年国际海洋法会议通过的《大陆架公约》，大陆架是"邻接海岸但在领海范围以外，深度未逾 200 米或虽逾此限度而上覆水域的深度容许开采其自然资源的海底区域的海床与底土"，以及"临近岛屿与海岸的类似海底区域的海床与底土"。

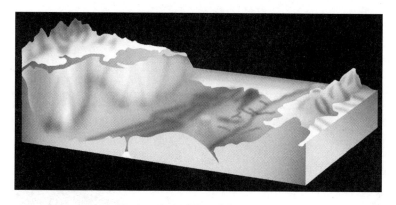

海底结构示意图

4. 世界上最深的海沟——马里亚纳海沟

世界的最高点在珠穆朗玛峰,而最低点则在马里亚纳海沟。马里亚纳海沟位于马里亚纳群岛附近的太平洋海底,海沟大部分水深在8 000米左右,最深处达11 034米,是全球海洋最深的地方。海沟底部在海平面之下的深度,远胜于珠穆朗玛峰在海平面之上的高度,是名副其实的世界最低点。

大洋中脊分布

5. 大洋中脊——全球规模最大的山系

1956年,希曾和尤因汇总了世界洋底的地貌资料,明确了洋底存在一条贯穿各大洋的巨大山脉,取名大洋中脊,简称洋中脊或中脊。1967～1969年,希曾和撒普又补充了一些资料,绘制了世界大洋立体地貌图,该图至今仍被全世界广泛应用。

大洋中脊在各大洋的展布各具特点。在大西洋,中脊位居中央,呈"S"形延伸,近似与两岸平行,边坡较陡,被称为大西洋中脊;印度洋中脊也大致位于大洋中部,但分为三支,呈"入"字形展布;在太平洋,中脊偏居东侧且边坡较缓,被称为东太平洋海隆。

6. 大洋盆地

大洋的主体大洋盆地,简称洋盆,是位于大陆边缘与大洋中脊之

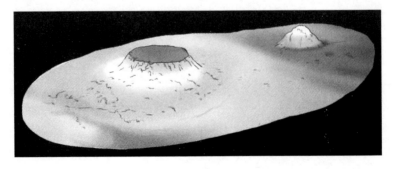

海山三维图

间的深海洋底,约占海洋总面积的45%,是大洋的主体。在大洋盆地中,还分布着一些条带状的隆起地形,它们将洋盆进一步分割成许多次一级的海盆。洋盆水深一般为4～6千米,局部可超过6千米。大洋盆地是多金属结核最主要的分布区域。

大洋盆地的地貌形态复杂多样,有海底高原、深海平原,还有星罗棋布的海山。

三、深海生物

海洋深处是个高压的世界,水深每增加10米,压力就增加1个大气压,也就是说,越往深处,海水压力越大。长期在高压的环境中生存,深海生

食骨蠕虫

物的身体结构也发生了相应的变化。它们的身体有着特殊的结构,海水可以渗透到细胞中,使体内的压力与外部海水的压力平衡。深海的食物十分有限,可是神奇的深海生物却练就了一身"忍饥挨饿"的能力。多数深海生物依靠从上层可接触到阳光的海洋生物遗落下来的有机物为食,其他则有的依靠海底的硫黄、甲烷或分解石油的细菌为生,有的用鲸鱼等动物骨头为食或靠其他令人难以置信的方式生存。

海参

1. 海参——不可貌相

海参是一种"表里不一"的生物:虽然貌不惊人,营养价值却不同寻常。它是海洋生物界的"逃跑大师",遇到敌害时,坚持"走为上策",还可以从肛门排出内脏,

以迷惑敌害而乘机逃遁。当然,这些内脏是可再生的。深海的海参有什么特异功能吗?科学家们在北墨西哥湾水面以下 2 750 米处的深海发现一种奇特海参,它靠分解海底石油获取有机物质为生。也许在不久的将来,这种神奇的海底生物可以在处理海洋石油污染中大显神威呢!

2. 水母——大洋奇葩

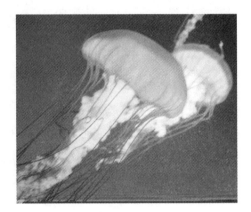

水母

蓝色的世界,一个又一个降落伞漂浮而来。这不是 101 空降师,不是克里特空降战,而是大洋中的水母。水母是一种腔肠动物,我们熟悉的海蜇便是水母的一种。这种生物通过收缩起自己伞的边缘,由此产生后涌的水流来推动身体前进。值得注意的是,水母是一种古老的海洋生物,6. 5 亿年前便已漂荡在大洋中,比恐龙还要早。你听说过会发光的水母吗?科学家们在深海发现了它。这种水母形状奇异,遍体发光,堪称水母世界的"非主流"。

3. 海葵——美丽的杀手

海葵

初见海葵的人,必然会被它们的艳丽所折服。它们天生丽质,被冠以"海底菊花"的美誉。而且这花不会凋谢,可以说是"身在大海,四季花开"。可是,美丽的外表里却暗藏着杀机。这些海底之花最吸引人的莫过于它们的"花瓣"——触手。也正是这些"花瓣",成为海葵立足海底的"撒手铜"。海葵触手上长有毒刺,鱼类不经意触碰到这些触手,立即会被毒刺螫伤,失去反抗能力,任由海葵吞食。

海葵是腔肠动物大家族的一员,与水母、珊瑚相比虽然形态迥异,却是远方表亲。

4. 深海鱼类——生命的奇迹

深海鱼类家族庞大,分属十多个科,包括鼠尾鳕科、巨口鱼科、褶胸鱼科等。它们的普遍特征是口大、眼大,身体某一或某几部分有发光器。最重要的深海鱼类群有深海垂钓鱼、蝰鱼及毛口鱼。

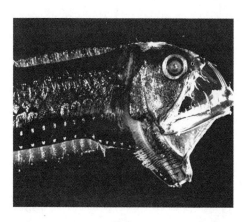

蝰鱼

蝰鱼是一种具代表性的深海发光鱼。这种鱼身体细长,体侧、背部、胸部、腹部和尾部均有发光器,真称得上"耀眼明星"啊。它外形怪诞,牙齿非常大,嘴里无法装下,只能将其暴露出来,显出一副十分可怕的样子。它游动时速度很快,能够飞速地冲向猎物,然后将牙齿像钉子一样深深地插入猎物的身体,牢牢地咬住猎物。

5. 黑暗中的舞者——没有阳光,依然灿烂

1977 年,美国"阿尔文"号深潜器在东太平洋隆起的脊轴上发现喷涌着热水的海底热液,看上去很像冒着烟的"烟囱"。更为神奇的是,这些"烟囱"周围居然活跃着一些奇特的生物!这些"黑暗中的舞

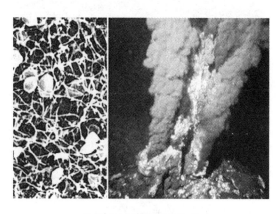

海底热液周围的微生物

管状蠕虫

航,开始了为期 297 天的环球大洋科考。这是自郑和下西洋以来的又一伟大壮举,是一次举世瞩目的远航,是我国首次对深海热液及其生物群落进行的调查研究。科考队员获得了活跃于"烟囱"周围的多种生物样品——海虾、螃蟹、海葵、藤壶、珊瑚等,得到了许多新的生物基因资源。

新发现的海底生物"小飞象"

者"所处的环境极端恶劣:黑暗、高温、高压。这里有不时开闭的蛤类、爬来爬去的蟹、西瓜大小的海蚌、跳来跳去的海虾,还有各种微生物。

6. 中国造访海底部落

2005 年 4 月 2 日,我国科考船"大洋一"号从青岛港始

"大洋一"号科学考察船

7. 国际海洋生物普查

为期 10 年的"国际海洋生物普查计划"由联合国、各国政府和私人动物保护组织共同资助。这一项目负责记录海洋生物种类,从 2001 年开始实施。这项工程耗资近 6 亿美元,动用了全球半数大型考察船和潜水器,共有 82 个国家和地区的 2 000 多名科学家参与。

2010 年 10 月发布的考察报告称，已在深海发现 17 650 种生物，在水深 1 000 米以上的深海中发现 5 722 种生物。这些生物形态各异，生活方式也十分新奇。

四、海底科考

面对幽深神秘的大海，人类的祖先敬畏膜拜；对于波涛汹涌的海面下的神秘世界，更是充满好奇与向往。因此，一代又一代学者和探险家们对海底的探索从未停止；

海底科考

随着科技的发展，海底的神秘面纱正缓缓揭开，那辽阔而富饶的世界将逐渐清晰地展示在我们面前。海底形貌测绘海底形貌测绘是利用声学测深装置，加上高精度定位系统的配合，测绘出反映海底形态特征的地形图。人类对海底探测一直有着浓厚的兴趣。20 世纪 20 年代以来，测绘技术有了突飞猛进的发展。

回声探测原理

1. 回声测深

海洋并非"深不可测"人们常用"暗不见底"、"深不可测"来形容大海，海的幽深让人看不清摸不透。而今，人们将

探测仪器

科学技术应用于海洋测深。大海虽暗却已不再"不见底",虽"深"却已不再"不可测"。"探测"之声有着五千年文明的泱泱中华是最早测绘海底的国家。宋元之际,我国沿海渔民就学会用长绳系铅锤的方法测量海深。郑和下西洋期间,更是对途径海域的海底地形做了详细测绘,取得令世人瞩目的成就。

2. 海洋沉积物的调查研究

海洋沉积物的调查研究始于 1872～1876 年英国"挑战者"号的环球海洋考察,第二次世界大战后获得长足发展。我国的海洋沉积研究是从 20 世纪 50 年代末的海洋调查起步的,从一开始就走上了将海洋沉积物的时间分布和空间分布与海洋环境演变相结合的研究路子,逐渐形成了沉积—古环境研究的独特方向,建立了中国陆

抓斗型沉积物采样

架海的沉积模式,划分了中国陆缘海沉积类型和沉积区。

3. 深海钻探计划

深海钻探计划在全球性地层对比、成岩作用、地震火山形成机理、深海钻探技术以及海底矿产资源等方面也有新发现、新进展。该计

划还为多金属结核和多金属软泥"验明正身",证明它们有很高的经济价值。

4. 人类认识地球史上最雄伟的计划——国际综合大洋钻探计划(IODP)

国际综合大洋钻探计划由1985年至2003年实施的国际大洋钻探计划发展而来,是20世纪地球科学规划最大、历时最久的国际合作研究计划。国际综合大洋钻探计划以"地球系统科学"思想为指导,计划打穿大洋壳,揭示地震机理,探明深海生物圈,为国际学术界构筑起地球科学研究的平台,同时为深海新资源勘探开发、环境预测和防震减灾等服务。1998年4月,我国正式加入大洋钻探计划。1999年,以汪品先院士为首的中国科学家成功实施了在我国南海的第一次深海科学钻探。这是第一次由中国科学家设计和主持的大洋钻探,标志着伟大祖国向着海洋强国又迈进了一大步。

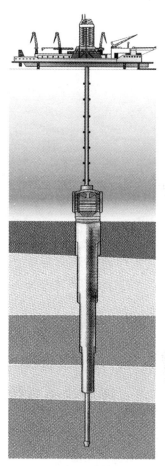

深海钻探原理

日本"地球"号深海钻探船

5. 海底油气勘探

我们经常会在电视上看到海上"钢铁巨人"高举浓烟滚滚火把的壮观场面。这位"钢铁巨人"就是海上钻井平台。这种用于钻探的海上平台状结构物上装备有钻

海上钻井平台

井、动力、通讯、导航等设备,以及安全救生和人员生活设施,是海上油气勘探开发不可缺少的手段。海上钻井平台主要分为自升式和半潜式两种。

6. 潜水必备

潜水活动可分为专业潜水和休闲潜水。专业潜水主要指水下工程、水下救捞、水下科考探险等,是专业潜水人员进行的潜水活动。而休闲潜水是指以水下观光和休闲娱乐为目的的潜水活动,其中又分为浮潜和水肺潜水(即使用气瓶和水下呼吸器进行潜水)。

7. 深潜技术与深潜器

深潜器是具有水下

潜水

"阿尔文"号

观察和作业能力的深潜水装置。深潜器是水下活动的多面手,可以用来执行水下考察、海底勘探、海底开发、沉船打捞、水下救生、海底电缆检修、军事侦察等任务,还可以作为潜水员活动的水下作业基地。

"阿尔文"号深潜器可以说是是目前世界上最著名的深

海科考工具,被称为"历史上最成功的潜艇"。人们以伍兹霍尔海洋研究所的海洋学家阿尔文的名字命名这个神奇的耐压球体。"阿尔文"号还是世界上首艘可以载人的深海潜艇。1964 年"阿尔文"号下水,开始了它充满传奇色彩的探险历程。20 世纪 80 年代,"阿尔文"号参与了对泰坦尼克号的搜寻

"蛟龙"号模型

和考察,登上了美国《时代》周刊的封面。

2010 年,我国第一台自行设计、自主集成研制的"蛟龙"号 3 000 米级深海载人潜水器海试取得成功,最大下潜深度达到 3 759 米。这标志着中国成为继美、法、俄、日之后第五个掌握 3 500 米以上大深度载人深潜技术的国家。

五、海底空间

随着电影《2012》在全球的热映,末日洪水的话题再次被提起,也引发了人类对于未来生存空间的思考。面对日益拥挤、贫瘠的大陆,越来越多的人将眼光投向了广袤的海底。开发海底,利用海底空间,走向海底生活,回到生命开始的地方,或许是人类未来的一条出路。

海底实验室

1.蓝色狂想曲——海底实验室

海底居住实验室指沉放到海底可供人们居住的金属结构物,称之为"水下居住站"更加

合适。1962 年 9 月法国在地中海建造人类历史上第一个海底实验室"海星站"。从那以后,人类对于海底实验室的构建一直没有停止。在美国佛罗里达州拉哥礁海海底,有一个名叫"宝瓶座"的海底实验室。它是目前全世界所知唯一的一个长期海底居住地和实验室。美国国家航空航天局认为,海底的生活和太空探索一样危险而孤独,于是建造了"宝瓶座",利用它来进行部分太空训练。

2. 海底隧道

当今世界最具代表性的海底隧道主要有英吉利海峡隧道、日本青函隧道和对马海峡隧道、中国厦门翔安隧道和青岛海底隧道等。2010 年 10 月 8 日在首尔举行的"中韩海底隧道国际研讨会"上,中韩两国专家就连接两国海底隧道积极探讨。如果这条友谊之道建成,

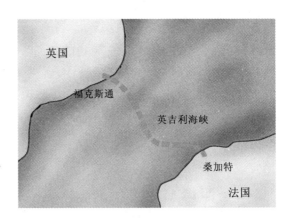

英吉利海峡隧道位置

将两国高速铁路连接起来,届时从首尔到北京和上海只需 4～5 个小时,东北亚地区将形成一个巨大的经济圈。

第七篇　壮美极地篇

一、认识极地

1. 寻找极地坐标

我们所生活的地球在围绕着一根地轴不停地转动着,地轴穿越整个地球内部,与地球表面相交于两点,这便是南极点和北极点。

极地

2. 磁极

地球本身就像一块巨大的磁铁,在北半球的地磁极称为地磁北极,在南半球的地磁极称为地磁南极。需要说明的是,南、北磁极并不在地理上的南、北极点上。它们多多少少分别偏离于南、北极点,其间存在11°30′的夹角。不过,与地理南、北极点不同,磁极是不停移位的。1996年地磁北极的坐标为79.3°N、71.5°W;1985年南磁极的位置约为65°36′S、139°24′E。

极地风光

3. 画出极圈

有这样一道篱笆，走进它，你就可以领略壮美的极地冰川，与北极熊、企鹅等极地生灵来一次亲密接触；走进它，你就从温带涉足到寒带领地，感受极昼、极夜在身边缓慢爬行，尽览幻美极光展现神奇魅力。这道无形而特殊的篱笆，就是极圈。极圈的"篱笆"内，特异的地理环境，鲜见的生物形态，奇特的人文地理，别样的部落风情，种种鲜为人知的奥秘都吸引着一代又一代的勇敢者去一探究竟。

4. 感知极地"体温"

如果要给极地做一次体检，它的体检报告里最为醒目的就是体温了。那些数字看了都会让人不寒而栗。南极大陆的年平均温度为 -25℃。南极沿海地区的年平均温度为 -17℃～-20℃左右。内陆地区的年平均温度

酷寒极地

低于 -40℃；东南极高原地区的年平均温度一般徘徊在 -56℃左右。北极在 1 月份的平均温度介于 -20℃～-40℃，随着气候变暖，近年来 8 月平均气温已达 -2℃左右。

5. 风暴极地

南极年平均风速达 18～20 米/秒，东南极大陆沿岸一带风力最强，地面风速可达 40～50 米/秒，远远超过了 12 级大风。风速在 100 千米/时以上的大风屡见不鲜，平均每年 8 级以上的大风就有 300 天。南极大

风雪中的企鹅

陆是世界上风暴最频繁、风力最为强劲的大陆，又被称为"风极"。如果只是刮风，南极的情况还不至于太糟糕，一旦风里夹杂了雪，情况就大为不妙了。这里，我们不得不提到南极的另一个名字——地球上的"暴风雪故乡"。

6. 极地季节

北极的季节划分呈现不完美比例。冬季是漫长、寒冷而黑暗的，一般从 11 月持续到次年的 4 月，余下的 6 个月是春夏秋三季。从每年的 11 月 23 日开始，温度会降到 -50℃ 左右。到了次

仲夏节之火

年 4 月，天气才渐渐回暖，天空变得明亮起来，太阳光线一束束迎面扑来，北冰洋表层冰雪开始解冻。5、6 月份，植物一身新绿，欣欣向荣，动物四处活跃，并开始交配繁殖。北极的秋季极为短暂，在 9 月初第一场暴风雪就会降临。除冬季外，春夏秋三季时间短暂，且它们之间的区分也并非泾渭分明。

幻日

7. 体验极地奥秘

幻日可以理解为太阳的幻象。它也是大气的一种光学现象。有时，在日晕两侧的对称点上，冰晶体发射的阳光尤其明亮。如果出现并列的太阳，光芒四射，炫人眼目，这就是奇妙的幻日了。我国南极中山站于 1997 年就曾观测到幻日现象。

乳白天空又叫做白化天气，是极地的一种天气现象，也是南极洲

乳白天空

的自然奇观之一。倘若你身在其中，会觉得天地之间一片乳白，就像陷落在浓稠不化的奶昔里，完全失去方向感，一切景物都无法辨别；并且，你的视线也会产生错觉，既分不清近景和远景，也看不清景物大小。掉进这种冰雪的迷魂阵，一切都是混淆难辨的，你完全不能自已。

对于南北两极来说，最为人乐道的莫过于它们独特而漫长的极昼和极夜了。极昼和极夜可以说是独属于南北两极的个性标志。所谓极昼，就是太阳永不降落，天空总是亮的；所谓极夜，与极昼相反，太阳总不升起，天空总是黑的。极圈到极点之间，越靠近极点，极昼、极夜的时间

极昼

长度越接近半年；越靠近极圈，极昼、极夜的时间长度越接近一天。

极光不只在地球上出现，太阳系内的其他一些具有磁场的行星上也有极光。美丽的极光有着绚烂的色彩。极光形体的亮度变化也是很大的。当太阳黑子增多，太阳射向地球大

极夜

气层中的带电微粒也会增多，这时极光不仅出现频繁，而且亮度也会增强。

极光

8. 清点极地矿藏

不要以为极地只有冰雪和酷寒环境，事实上，极地非常富饶。在它厚厚的冰盖之下，蕴藏着无数神奇的宝藏。在南极冰雪之下，隐藏的丰富矿藏相当可观。从种类上看，南极洲蕴藏的矿物有 220 余种。据已查明的资源分布来看，煤、铁和石油的储量为世界第一，其中煤资源储量至少有 5 000 亿吨，几乎占世界煤炭储量的一半。

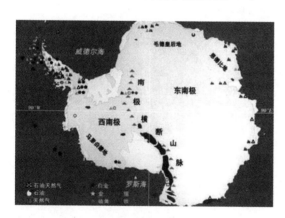

南极矿产分布图

二、踏上南极

1. 雄壮南极

借助地图，可以直观地看到银色的南极大部分区域都处在南极圈内。这块地球最南端的冰雪大陆，打破了多项世界纪录。

最孤独的大陆——不与其他大陆接壤，太平洋、大西洋、印度洋将其团团包裹，与世隔绝。

最高的大陆——平均海拔为 2 350 米，其最高点文森峰海拔为 5 140 米。

最大的高原——总面积为 1 300 万平方千米，领先于巴西高原的 500 万平方千米，是世界上最大的高原。

最多冰川的大陆——被 98％的冰雪覆盖，仅 2％的露岩区，被称为"冰极"。

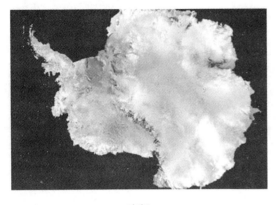

南极

最寒冷的大陆——世界上记录到的最低温度 -89.2℃，被称为"寒极"。

最"风狂"的大陆——沿海地区的平均风速为 17～18 米/秒，东南极大陆沿海风速可达 40～50 米/秒，最大风速达到 100 米/秒，被称为"风极"。

最干燥的大陆——降水量低。据观测记录，整个南极大陆的年平均降水量只有 55 毫米。

最晚被发现的大陆——综合各种极端的自然条件，南极成了地球上人类最晚涉足的地域。

最荒凉的大陆——地球上唯一没有任何树木的大陆。

2. 南极绿洲

绿洲，并非是郁郁葱葱的树木花草之地，而是南极探险家、科学家由于长年累月在冰天雪地里工作，当他们发现没有冰雪覆盖的地方时，不禁备感亲切，便将这些地方称为南极洲的绿洲。南极绿洲占南极洲面积的 5%，含有干谷、湖泊、火山和山峰。按照这个定义，在南极可称作绿洲的有班戈绿洲、麦克默多绿洲和南极半岛绿洲。

3. 南极冰下湖

南极厚厚的冰盖下已发现 150 个湖泊。冰盖将湖泊与外面的世界隔绝，湖泊里面孕育着许多未被人类所知的生命形式。东方湖，位于南极俄罗斯东方站附近约 3 800 米厚的冰层下，至少被封藏了 50

南极冰下湖

万年未与大气接触，是南极洲冰下湖中最大、最深且最与世隔绝的一个。

4. 南极火星地带

一提到南极，人们首先想到的是它的冰雪外衣，但在南极洲有约 4 000 平方千米的区域无冰雪覆盖，而是分布着许多异常干燥的山谷，被称为麦克默多干燥谷。干燥谷本是由冰川雕刻而成，但随着冰川后退，谷底和谷壁渐渐暴露出来。科学家预测，这里是地球上最像火星的区域。

南极火星地带

冰洞

5. 厚重冰盖

整个南极大陆 98% 的区域被一个直径为 4 500 千米的巨大冰体所覆盖，人们称其为冰盖。南极陆地冰盖面积共计 1 200 平方千米，平均厚度达 2 300 米，最厚的有 4 800 米，总体积达 2 800 万立方千米。因在外观上酷似帽子，又被称为南极冰帽。

南极冰盖不像我们见到的冰块那样平滑，经受寒风日复一日的雕琢，冰盖表面形成了许多不规则的雪垅，就像我国的黄土高原一样千沟万壑。这些沟壑里常常暗藏杀机，尤其是冰裂缝。南极冰盖上的冰裂缝是坑人的陷阱。

6. 断裂冰架

从南极冰盖向外围走去，与海水接壤的部分，便是冰架的领地。

冰架

我们知道，南极冰盖从内陆高原向中周沿海地区滑动，形成了几千条冰川。冰川入海处形成面积广阔的海上冰舌。南极沿岸 44% 的水域存在冰架，占南极冰盖总面积的 10%，平均厚度为 475 米左右。较大的冰架是罗斯冰架、菲尔希纳冰架、龙尼冰架和亚美利冰架。

7. 壮丽冰山

如果说冰盖的延伸物是冰架，那么，冰山就是冰架的派生物了。在南极周围的海洋——南大洋中，漂浮着数以万计的冰山，其体积之大、数量之多远远超乎人们的想象。据统计，南大洋的冰山约有 218 300 座，平均每个冰山重达 10 万吨。由于体积大，海面温度低，其寿命一般可以维持 10 年左右才会慢慢消融。

冰山

南极的冰块能以 2 500 米/年的速度移向海洋，在它的边缘，断裂的冰架渐渐漂移到海洋中，形成巨大的冰山。这些巨大的"浮游生物"，在海上看起来似乎是静止的，实际上它随着海流的方向移动，在海面上漂移度日。当然，冰山不仅能在海上漂移，而且还会一系列高难度动作，如分裂、坍塌、翻转等，花样层出不穷。

8. 漂摇海冰

南极海冰围绕着南极大陆，呈环形分布，且季节性变化明显，其

海冰

面积在 9 月份达到最大值，在 2 月份达到最小值。冬季海冰面积约为夏季海冰面积的 7 倍。宽阔的海冰区偶尔会有未封冻的海面，被称为"冰间湖"。船只决不可以贸然闯入冰间湖，因为随时可能被冻结在里面，无法自拔。

三、南极开发

1. 南极主权

南极是目前地球上唯一一块领土主权悬置的大陆，这让很多国家觉得有机可乘。早在 1908 年，英国政府就第一个提出对南极拥有主权。随后，新西兰、澳大利亚、法国、挪威、智利、阿根廷也纷纷提出对南极的

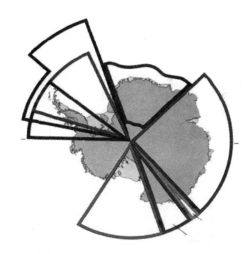

南极地区领土权主张国及其范围示意

主权要求。美国和前苏联拒绝承认其他国家对南极主权的占有，但却再三表示保留自己对南极提出领土要求的权利。直到 20 世纪 40 年代，上述七国已对南极 83 ％的南极大陆提出了领土占有主权。

2. 南极开发

迄今为止，南极多是作为人类科考基地出镜的，对其开发主要集中在传统渔业——磷虾的开发上。南极磷虾的试捕勘察始于 1960 年

初期，1970 年中期即进入大规模商业开发。捕鱼国主要为日本、前苏联及后来的俄罗斯、乌克兰等；目前捕捞磷虾的国家主要有日本、波兰、韩国和英国等，近年美国也加入到磷虾捕捞国行列。

南极磷虾

2007 年年初初，当美国《福布斯》杂志公布 2006 年全球十大旅游胜地排行榜时，南极位居第二。目前，去南极旅游的人数正在以每年 10% ～ 15% 的速度上升。美国是来南极旅游人数最多的国家，其次是德国、英国、澳大利亚、加拿大、荷兰、瑞士和日本。

3. 南极特别保护区

现今设立的南极特别保护区大多分布在南极大陆的沿海地带，其中，在罗斯海区域的麦克默多湾、西南极的南设得兰群岛和格尔切海峡三处相对集中。至今，南极条约协商会议已批准设立了 70 多个南极特别保护区和 7 个特别管理区，保护区总面积超过 3 000 平方千米，最大的达到 1 100 平方千米，最小的仅有 0.00 132 平方千米。在 2008 年召开的第 31 届南极条约协商会议上，我国提出的格罗夫山哈丁山南极特别保护区管理计划获得会议批准，成为我国设立的第一个南极特别保护区。

南极旅游

四、探秘北极

1. 神秘之海

南极是一块孤立于海水中的高原陆地,北极则截然不同。北极最主要的部分是一片由大陆和岛屿群围绕着的海洋,这片海洋便是北冰洋。天上有北斗七星照耀,北冰洋也恰有七个边缘海,此外还有巴芬湾、哈

北极地图

得孙湾两个大型海湾和深海海盆,形成了"七海伴深洋"的和谐整体。

北冰洋是一块几乎终年都结着冰的白色海洋,北极点就在这片茫茫的白色大海之中。北极海面上漂浮的冰块会受地球自转的影响,有的冰块甚至可以每小时移动1千米。所以,我们没有办法找到一个固定的地方放置北极点的标记物。

2. 北极陆地

在这片白色海洋的周围,围绕着一些十分寒冷的大陆和岛屿,它们分别从属于亚洲、欧洲、北美洲的一些国家。这些陆地从最寒冷的北方,一路向南,依次可划分为海岸带及岛屿、北极苔原和泰加林带

格陵兰岛风光

等。在这片土地上,有许多人类建设的城市、乡镇和村落。另外,北极星罗棋布的岛屿也很值得一看,其中,最有名的莫过于格陵兰岛了。

3. 白色海洋

北极同南极一样,是一片冰雪世界,是由

从空中看白色海洋——北冰洋

一片海和环绕着它的陆地组成的。北极地区非常寒冷。在陆地上,有起伏的冰川、广袤的冻土,只有极少数的植物能够生存,是一片名副其实的苍凉世界。

北冰洋是面积最小的大洋,只有 1 310 万平方千米,还不到太平洋的 1/10。北冰洋还是四大洋中最浅的,其平均水深只有 1 000 米多一点,还不及太平洋的 1/3。北冰洋的"世界之最",又何止这些?它还是世界上纬度最高(已经到达北极点了,还能有更高的吗)、跨越经度最多(所有的经度都占了)、最淡的大洋。

4. 北极的冰

北极的冰,与南极的是不同的。南极的冰主要是南极大陆上覆盖着的陆上冰川,北极的冰则分为两个部分:一部分是和南极大陆相似的,覆盖在北极陆地上的陆上冰川;还有非常重要的一部分是北冰洋海面上漂浮着的海冰。到了冬天,在漫漫黑夜的笼罩之下,北冰洋上的海冰会结得格外辽阔、厚实,以至于我们根本分不清哪里是陆地、哪里是海洋。

5. 北极土著

北极地区的土著居民——因纽特人,也被称作爱斯基摩人,虽然他们并不喜欢这个称呼。南

冰山

极是没有土著居民的,这主要是由于南极的周围遍布茫茫大海,人类很难远涉重洋来到这里。而北极就大不相同了,这里被亚欧大陆、美洲大陆所环绕,在漫长的历史长河中,不断有人类迁徙到这里定居,逐渐形成了现在的因纽特人。因纽特人的总人口约 13 万人,其

因纽特人

中格陵兰岛上的人数最多,大约有 5 万多人。他们是生活在地球最北部的人。

摩尔曼斯克市

6. 北极城市

与南极不同,北极不仅居住着土著居民,还建设了大量的城市,其中在北极圈内最大的城市就是俄罗斯的摩尔曼斯克市,也被称为"极地首都"。努克是格陵兰岛上最大的港口城市,在丹麦语和挪威语中它还有一

个名字是"戈特霍布",意思是"美好的希望"。

7. 北极观光

目前,全世界每年都有大量游客前往北极地区游览,北极旅游在我国也已兴起,并受到了对北极充满好奇和向往的人们的欢迎。"满目冰山和冰川,在神秘极地,围绕你的是空灵、寂静,是一种涤荡心灵的体验。"这是旅游从业者为我们描绘的北极美景。你还可以深入到

北极观光

因纽特人的生活中，近距离感受不一样的奇异风俗。

8. 北极资源

北极是一个冰天雪地的神话世界，是一个大宝库，里面有非常丰富的资源矿藏，其中最重要的要数当前世界各国都十分需要的油气资源。从 20 世纪 60 年代末开始，人类就先后在北冰洋海底发现了丰富的油气资源。根据美国地质勘探局一份最新报告显示，北极地区拥有的原油储量是 900 亿桶，天然气储量超过了 47 万亿立方米，有地球尽头的"中东"之称。

资源开发

五、极地与人类

1. 极地科考发现南极大陆

14 世纪，轰轰烈烈的大航海时代逐渐开启，特别是在哥伦布发现了美洲大陆之后，早期的探险者和航海家们被激发出了热情，纷纷南下去寻找那块传说中的"南方大陆"。18 世纪 70 年代，英国的著名航海家詹姆斯·库克南下寻找未知的"南方大陆"，航行 9.7 万千米，成为第一个环南极大陆航行的航海家，但他最终未能成功踏上南极大陆。到了 19 世纪 20 年代前后，许多航海家陆续到南极探险。虽然他们也未能真正踏上南极大陆,但发现了许多周边的岛屿,这已经是非常了不起的成就。

2. 踏上南极点的竞赛

在南极大陆的南极点上,有一个世界上最南端的科考站——阿蒙森—斯科特站,它以最早到达南极点的两位著名探险家阿蒙森和斯科特的姓氏命名。他们曾为谁能最先踏上南极点展开了一场惊心动魄的竞赛,是人类探险史上最伟大的英雄。

阿蒙森－斯科特站

罗伯特·斯科特,英国人,是英国皇家海军的军官,1900 年他曾到南极探险,并在南极建立了基地。正因为有这样的南极探险经历,10 年之后,他于 1910 年 6 月 15 日乘"新大陆"号驶离英格兰南下,开始了他征服南极点的漫漫征程。

罗德·阿蒙森,挪威人,也是一名海军军官。在他听说斯科特远征南极的计划之后,也筹划着去征服南极点。不过,在起跑线上阿蒙森稍稍落后了一些,1910年 8 月 9 日他的"弗莱姆"号才驶离挪威,出发时间比斯科特晚了近 2 个月。但是,南极附近凶险的海洋环境,使早出发的人不一定就能早到达。斯科特的"新大陆"号从新西兰南下后,便遭遇了长达 36 个小时的强风暴袭击,船只几乎沉没,直到1911 年 1 月,劫后余生的斯科特才来到南极。然而,祸不单行,由于巨大的冰山阻

罗伯特·斯科特

罗德·阿蒙森

隔，他无法到达他 10 年前建立的基地，只能重新找位置登陆，建立大本营。

相比之下，阿蒙森的征程则顺利得多。虽然他比斯科特晚出发 2 个月，但同样在 1911 年 1 月抵达了南极，而且他所选择的登陆地比斯科特距离南极点还要近上 90 千米。几个月之后，两人率领着各自的探险队几乎同时出发了。出发前，斯科特做了一个十分错误的决定，他没有使用从挪威带来的雪橇狗来拉雪橇，而是使用了矮种马。这种马根本不适合在南极行走，不断地踏破冰面，跌入冰裂隙，并且饥寒交迫、疲惫不堪。斯科特的队伍只好斩杀了矮种马，靠人力拖着笨重的雪橇前进。而阿蒙森挺近南极点的历程则顺利得多，他们使用 52 条狗来拉雪橇，不断前进，前半段的行程非常顺利，后半段虽然因地形复杂、天气恶劣而使前进的速度有所下降，但他们还是在 1911 年 12 月 14 日胜利抵达了南极点。他们在南极点支起了帐篷，竖起了挪威国旗，证明他们是第一支登上南极点的队伍和国家。

1912 年 1 月 17 日，斯科特的队伍历尽艰辛，最终也成功抵达了南极点。但是，他们看到了挪威的国旗。虽然他们在争取最先到达南极的竞赛中失败了，但仍然是最伟大的南极探险家之一。

3. 南极科考

到了 20 世纪后期，众多科学家前往南极，在那里建立了考察站，进行科学考察。目前已经有 20 多个国家在南

麦克默多站

极建立了 150 多个考察基地,一些考察站的规模非常大,后勤保障、交通通讯、生活服务等方面的设施一应俱全。

麦克默多站是所有南极考察站中规模最大的一个,由美国于 1956 年建成,有各类建筑 200 多栋,包括 10 多座 3 层高的楼房,还有 1 个机场,可以起降大型客机,有通往新西兰的定期航班。麦克默多站的通讯设施、医院、电话电报系统、俱乐部、电影院、商场一应俱全,仅酒吧就有 4 座,热闹非凡,就像一座现代化的都市,有"南极第一城"的美称。

东方站位于南极洲的内陆,海拔高度达 3 600 米,由前苏联于 1957 年建成,现在属于俄罗斯。东方站几乎是南极洲最冷的地方,也是世界上最冷的地方。1983 年 7 月 2 日,测得温度为 -128F(-89.2℃),所以人们将这里称为南极的"寒极"。

阿蒙森—斯科特站是世界上最南的科考站,由美国于 1957 年建于南极点,海拔 2 900 米。它是南极内陆最大的考察站,花了 12 个夏天才建成,可以容纳 150 名科学家和后勤人员。这里建有 4 270 米长的飞机跑道、无线电通讯设备、地球物理监测站、大型计算机等,可以从事高空大气物理学、气象学、地球科学、冰川学和生物学等方面的研究。

4. 向北极进发的前奏——北冰洋航线的开辟

虽然北冰洋的大部分海面被浮冰覆盖,但每逢夏季,大陆沿岸还是会形成可供船只航行的水道,其中亚欧大陆北面的航线被称为东北航线,美洲大陆北面的那条则被称为西北航线。人类在向北极深处进发之前,开辟这两条航线是各国探险者奋斗的重要目标,也可以看做征服北极的前奏。

这两条航线的开辟并非易事,前后历经了几个世纪。从 1527 年,英国商人罗伯特·索恩提出存在一条

维图斯·白令

从大西洋经俄罗斯沿岸到达亚洲的海上航线，即东北航线，此后，便有许多探险家试图将这条航道开辟出来，有的人还为之付出了生命的代价，其中最为有名就是探险英雄维图斯·白令。1741年，维图斯·白令在他的最后一次航行中，他的船只不幸触礁，漂至一座无人小岛，他自己也因坏血病去世。最终，完成开辟东北航线这一历史使命的是芬兰人阿道夫·伊雷克·诺登舍尔德。

阿道夫·伊雷克·诺登舍尔德

　　与东北航线相比，西北航线的开辟更为艰难。因为要穿越加拿大北极群岛间的一系列迷宫般的海峡，再加上遍布的冰山与浮冰，这条航线堪称是世界上最险峻的航线之一。在开辟的过程中，有很多探险家为之付出了巨大的努力，甚至是生命。

　　从1818年开始，富兰克林多次受命通过陆路和海路探索北极地区的海岸和航线，航行了8 000多千米，并在1825年越过了西经110°，立下了卓越的功勋。经过多次考察和勘探的准备，1844年，英国派出了2艘当时世界上最为先进的舰艇，由富兰克林来指挥远航。

约翰·富兰克林

然而，2个月后，富兰克林的船队与英国失去了联系，仿佛从地球上消失了一般。富兰克林于1847年去世，剩下的船员们也渐渐地冻饿而死，最终无一生还。

　　1903年6月，罗德·阿蒙森和精心挑选的6个伙伴离开挪威奥斯陆码头，向茫茫大海驶去。8月，他们登上了令富兰克林舰队全军覆没的威廉王岛。1905年，他们的船只走出了加拿大北极地区岛屿密布、冰山林立的迷宫，进入了广阔的波弗特海。

一年后,阿蒙森进入了阿拉斯加西海岸的诺姆港,宣告了这次历史性航行的最后胜利,西北航线终于被人类征服。

5. 北极科学城——新奥尔松

位于挪威斯瓦尔巴群岛西海岸的新奥尔松,因为种种便利条件,逐步发展成为北极科学城。这里不仅有邮局、酒吧、小卖部、码头、机

新奥尔松

场,还有一个透明的"玻璃大棚",里面生长着无土栽培的绿色蔬菜,这在白雪皑皑的北极可不多见。目前,已经有十多个国家在这里建立了科学考察站。

6. 中国脚印

我国虽然参与南北极科考的时间相对西方国家来说比较晚,但也取得了很大的成就。1980年1月,毕业于山东海洋学院(现中国海洋大学)中国科学家董兆乾和张青松来到了澳大利亚的南极考察站——凯西站进行考察和访问,并在随后的47天内访问了美国、新西兰、法国等国家的南极考察站。他们成为了第一批登上南极大陆的中国科学家,为以后的南极科考打了前站,积累了宝贵的经验。

1981年,我国成立了专门管理南极考察的机构——国家南极考察委员会,并于1983年加入了《南极条约》,这些举措均为我国对南极进行大规模科

中国南极考察队

考提供了支持、作好了准备。1984年，我国第一支南极科学考察队乘着"向阳红10"号海洋科学考察船从上海启程，向南极进发，吹响了我国南极科考的号角。

我国的南极科考正式起步之后，每年都会组织一次南极考察，对南极大陆和海洋进行科学研究，取得了令世人瞩目的成果，并相继在南极建立了3个科学考察站。

7. 长城站

我国最先建成的是长城站，位于毗邻南极大陆的乔治王岛上。与南极大陆相比，这里的气温相对温和，有许多海豹、企鹅等动物在此栖息、繁育，还有许多地衣、苔藓等植物。这里是对南极进行多学科考察的理想地点，因此，有好几个国家都在这里建立了科学考察站，以便国际交流与合作。长城站位于乔治王岛西部的一个

长城站

小海湾旁。这个小海湾也被命名为长城湾，这里湾阔水深，进出方便，背依终年积雪的山坡，水源充足。

中山站

8. 中山站

中山站与长城站最大的不同是它位于南极大陆的本土，气象要素的变化与长城站差别较大。这里比长城站寒冷干燥，更具备南极极地气候的特点；这里易于登陆，地域广阔，便于

发展;挨着南极最大的冰川——兰伯特冰川和查里斯王子山脉,有丰富的淡水资源,是一处开展科学研究的理想地点,而且可以作为向南极内陆进发的前进基地。中山站经过多次扩建,现有各种建筑15座,建筑面积为2 700平方米,科研、生活设施齐备,可以满足考察队员的工作和生活需要。

9. 昆仑站

昆仑站与中山站和长城站相比,要更为深入南极内陆。它位于南极大冰盖的冰穹A上,海拔高度为4 087米,是我国第一个南极内陆科学考察站,同时也是南极海拔最高的科学考察站。昆仑站于2009年成功建成,标志着我国已成功跻身国际极地考察的"第一方阵"。这里是钻取深度冰岩芯的最佳地域,也是监测大气环境、进行天文观测、探测臭氧空洞变化的理想场所。

昆仑站

与南极相比,我国对北极的科考要开始得更晚一些。1995年,中国海洋大学的赵进平等7名科学家第一次对北极点进行了徒步考察,最终胜利到达了北极点。这是我国科学家第一次对北冰洋进行现场考察,为以后的北极科考铺平了道路。

10. 功不可没的"雪龙"号

在我国的极地科学考察中,"雪龙"号极地考察船可谓功不可没。"雪龙"号原是乌克兰赫尔松船厂于1993年建造的一艘破冰船,我国购进后,改装成了极地科学考察运输船。

"雪龙"号技术性能先进,属国际领先水平,自1994年10月首航南极以来，已先后 8 次赴南极、4 次赴北极执行科学考察与补给运输任务。北京时间 2010 年 8 月 6 日凌晨 4 时 29 分，"雪龙号""轻松"打破了中国航海史最高纬度纪录——北纬 85° 25′。

"雪龙"号

11. 黄河站

黄河站是在 2004 年建成的，位于北纬 78° 56′ 的挪威斯瓦尔巴群岛的新奥尔松地区，距北极点仅有 1 200 千米。黄河站深入北极圈，基础设施完备，实验室、办公室、宿舍等科研生活设施一应俱全。黄河站重点研究的领域是空间物理学，这里拥有全球极地科考中规模最大的空间物理观测点。黄河站作为我国在北极地区创造的一个永久性科研平台，为解开空间

黄河站

物理、空间环境探测等众多科学谜团提供了极其有利的条件。

六、极地环保

气候变暖已成为全球面临的最严重挑战之一，它会造成很多严重的自然灾害，受到影响最大的莫过于南北两极的冰川了。目前，极地

冰川的融化速度在不断加快，冰川的覆盖面积在逐渐减少，海冰也在变薄。

冰川融化

南北极冰川融化的直接后果就是海平面上升。目前，在全球气候变暖的影响下，海平面不断上升，已成为不争的事实。自 20 世纪初以来，海平面已上升了 20 厘米，尤其是近几十年，海平面的上升速度几乎增长了 1 倍，而且所有的迹象都表明，海平面的上升仍在加速。

随着人类经济的发展，工业化进程的不断加快，工业污染物被大量排放，不仅污染了我们的生活环境，就连遥远的极地也会受到一定程度的影响。虽然位于地球两端的极地被污染的程度目前还并不严重，但如果人类不认真加以控制，继续任由各种污染物随着洋流不断地流入极地，总有一天，极地脆弱的生态环境将遭受难以恢复的污染。届时，我们人类将悔之晚矣。

七、保护极地

了解了极地面临的各种危机以及这些危机将造成的可怕后果之后，为了防止这些后果的发生，我们应该如何去做呢？那就来看看极地科考队员们都是怎样做的。

极地科考队在进行考察的过程中，严禁向南极乱扔垃圾，一切废物都必须带回科学考察站统一销毁。各个国家的南极考察站一般都会建有垃圾处理设备，主要是焚烧炉，用以处理可以进行无害燃烧的固体废弃物，也就是可燃垃圾。对于考察站不具备条件处理的废弃物、不能燃烧或燃烧时产生有害物质的塑料等垃圾，需要尽量减少体积，如玻璃瓶要打碎，易拉罐要压扁，垃圾要妥善保管，待船运回国内处理。另外,科考队不允许追逐、惊吓极地的动物,更不准伤害和捕捉它们。在采集标本和样品的时候,必须在统一的领导下进行,绝对不允许任意采集和破坏。

马尔代夫水下内阁会议

为了保护地球的环境,维护极地的美好,就让我们从"关心"做起,注意生活中的一点一滴,践行低碳生活方式,减少温室气体排放。首先,请大家节约资源,出门随手关灯,家用电器不用的话就把它关掉,拒绝使用一次性物品,节约粮食,珍惜纸张,保护森林,使用节能型电器。这样做的话,就能节约很多宝贵的资源。然后,我们还要尽量减少废物的排放,出门尽量乘坐公共汽车,拒绝使用塑料袋,尽量使用布袋,吃盒饭时使用可降解的餐盒,对于废电池、废金属、废塑料等垃圾不要随意丢弃而要妥善处理,否则它们会对生态环境造成很大的破坏。请从我做起,从现在做起,好好保护我们的极地,守护那一片纯白的世界。

第八部分　魅力青岛篇

一、青青之城

青岛是座美丽的城市！携着微咸的海风，浸润着山水间的灵气，青岛独特的美渗透在那一道道美景中，充盈在人们的欢笑里，呈现在每一次的定格中。

青岛是座有故事的城市！历史的烟云在山海间留下了隽永的记忆，那一幢幢百年建筑刻写着曾经的沧桑荣辱，那一棵棵千年古树见证了城市的变迁。

青岛是座充满希望的城市！在十八大的暖意里，在氤氲的海雾中，在晨起的朝霞间，在东方跃出海面的那一轮红日里，青岛正走在建设宜居幸福的现代化国际城市的康庄大道上。

从栈桥到奥帆中心，约8千米的路程，踏着脚下的木栈道，在公园的绿树掩映中走过，走过游人如织的浴场，领略八大关"万国建筑"的美景，在太平角公园略作休整后再出发，看过三浴高楼林立背景下的浴场风光，在海边的防波堤上看游人钓螃蟹的欢乐情景，还有似乎空气中浸透了音乐的音乐广场上自发组织的民间乐团自娱自乐地欢笑、高歌，五四广场上"五月的风"在阳光中矗立，风筝也环绕着它翩翩起舞，绿荫地、沙滩、情人

美丽的青岛

桥,种种种种,都在欢笑中荡漾,伴着浪花,伴着飞翔的海鸥,伴着摇曳的风筝;一切的一切,在这一刻灵动起来,连着游客的心翩翩起舞。还有那风中飘拂的旗帜,曾经迎接过中外游人,这一刻,留下了曾经的纪念。

1. 栈桥

坐火车,到青岛,游人下车的第一件事往往是去栈桥领略青岛的海,青岛的风,青岛的"飞阁回澜"。始建于清光绪十八年(1892年)的栈桥,距今已历经百余年沧桑变幻,它曾经作为青岛最早的军事专用人工码头建筑而被利用,也曾在德国的铁蹄下成为货物往来的码头;1931年9月至1933年4月,青岛市政当局对其进行了加固扩修,还在栈桥的南端增建由半圆形防波堤环绕保护的颇具民族风味的双层飞檐八角亭阁"回澜阁"。从此之后,又几经修复加固,栈桥作为青岛重要的标志性建筑吸引着无数的中外游客前来观光游览。

栈桥

2. 八大关

从汇泉湾走过不长的木栈道,就走进了一片仿若建筑博物馆的园林,置身其中,不禁惊奇:这是公园还是庭院,抑或既是公园又是庭院。走在这个

八大关的建筑

没有围墙的公园,在以我国八个大关名字命名的幽静小径中行走,抬眼一看,路旁一幢德式建筑就吸引了你的眼球;欢喜之余,再往前方一望,似乎一转眼间,时空变幻来到了另一个国度。漫游在这林间小径上,郁郁葱葱的树木,四季盛开的鲜花,种类繁多的树木。不同的季节,你还可以欣赏到不同的春华秋实的美景。春季看韶关路粉红如带的碧桃,夏天里看正阳关路的紫薇灿然盛开,秋季里霜染枫红美不胜收,冬季里紫荆关路四季常青的雪松傲然挺立。在各国典型建筑间游览,仿若一眼万里,一天就完成了欧洲亚洲美洲一日游。俄式、英式、法式、美式、德式、丹麦式、希腊式、西班牙式、瑞士式、日本式等20多个国家的建筑风格一天就可尽览无余,"万国建筑博览会"真是名不虚传。

3. 五四广场

每个来到五四广场的人,想必都会对那个火红色的雕塑印象深刻。有些游客往往会在离开青岛前带一点旅游的纪念品,这个火红色的雕塑还被做成了小模型,受到了人们的热捧,它就是青岛城市标志性雕塑"五月的风"。它以其螺旋上升的风的造型,火红的鲜艳色彩,充分展现出"五四运动"时反帝反封建的爱国主义情怀和张扬的民族力量。而"五月的风"对面广场中轴线海岸堤坝南160米的海面上所建的我国第一座海上百米喷泉,喷涌时十分壮观。在夜色中,在灯光下,银练般的喷水自天而降,绵绵水汽宛如一袭银纱伴着夜风飘飘洒洒,笼罩在云雾中的广场如入仙境。在"五月的风"的对面看似普通的石面广场上,也建设有可按不同形状和高度喷射的喷泉。在这里的露天广场上,每到节假日或重大活动时,欢欣愉快的人们在这里唱歌跳舞看演出。

4. 石老人

碧波之中,一位"老人"固执地坐在那里,执著地守望,无

五月的风

论风吹雨打，也无论世事变迁，坚守的身影从未"动摇"。关于这位"石老人"还有一段凄美的传说。当年，崂山脚下住着一个勤劳善良的渔民，有一个聪慧美丽的女儿。有一天，女儿不幸被龙太子掳进龙宫，思念女儿的渔民来到海边日夜呼唤，

青岛石老人景观

不顾风吹雨打，不顾潮涨潮落，渐渐地海水已没过膝盖，他依然执著地盼望着女儿归来的一天。有一天，龙王施展魔法，使老人身体渐渐僵化为石。多少年过去了，伴随着日升日落，潮起潮落，石老人历经沧桑，依然在阳光下、在海潮间以手托腮、注目凝神。今天的石老人已成为青岛著名的观光景点，这个大自然的杰作也成为了石老人国家旅游度假区的重要标志。

5. 会前村遗址

也许在今天，并不是每个城市都能寻找到"根"，特别是在繁华都市的快节奏生活间隙里，城市里的人们也许早已淡忘了这座城市那遥

会前村遗址的古井

远的历史。也许这真得算是青岛的幸事，在中山公园里，留了古树和一些陈年的痕迹，记载着这座城市的源起，让人们在古树的树荫中，在这些历史的纪念里，依稀看见过往的历史云烟。会前村，曾留下了青岛最早一批移民的印记。他们靠着这片海，以渔业为生。他们是青岛最早的主人。会前村历经战火的洗礼，被德国人占领

后，作为植物试验场，形成"森林公园"，之后又几度更名，终成今日的中山公园。每年五一前后，这里有着一年一度的樱花盛会，公园里游人如织，万头攒动，一睹樱花的浪漫和美丽。每年仲夏夜，公园里各式宫灯、纱灯、船灯、花灯争相斗艳，异彩纷呈，令人如痴如醉。深秋时节，公园里的各色菊花竞相开放，引得游人争相观赏。

青岛老城区

二、青岛的山海情怀

青岛因海而美丽，因山而厚重；海带给了青岛博大的胸襟，山带给了青岛迷人的绿意。山与海在青岛结合得恰到好处。

1. 崂山

黄海之滨，崂山在海边拔地而起，海的浩大、海的澎湃、海的那一抹蔚蓝，把本已高大雄伟的崂山衬托得犹如仙境。海拔而立，山海相依，雄山险峡，山光海色，水秀云奇，使得泰山也不免相形见绌。古语云"泰山虽云高，不如东海崂"，便是对崂山最好的赞誉。

崂山山脉连绵起伏、雄伟壮丽。主峰名为"巨峰"，又称"崂顶"，海拔高度为 1 132.7 米，是我国海岸线第一高峰。山海结合之处，岩礁、滩湾、岬角交错，一幅瑰丽的山海奇观。崂山里面，花岗岩地貌突显特色，各色象形石百态千姿，俯拾即是，是"天然雕塑公园"。

崂山是"神仙之宅，灵异

崂山

之府"，连秦皇汉武都曾来此求仙，使得崂山更添神秘。崂山还吸引了许多道教人物，著名的张三丰等都在此修道。最盛时，有"九宫八观七十二庵"，上千名道士，是我国著名的道教名山。

崂山这些独特的自然资源和人文景观为景点的开发积累了丰富的资源，现有景点221处，包括自然景点174处、历史人文景点47处。每年都会吸引大量的游客来此观光游览，一饱海上名山的雄姿，体验浓浓的道家文化。2011年1月14日，崂山被评为国家AAAAA级景区，有着海上"第一名山"之称。

2. 小鱼山

小鱼山公园原无正名，后来因为靠近鱼山路而取名为"小鱼山"，是青岛市第一座古典风格的山头园林公园。山不高，海拔高度才60米，但适合远眺，登山俯瞰，一时间栈桥、鲁迅公园、海水浴场、八大关等美景尽收眼底。山上的建筑设计独具匠心，以"海"为

小鱼山公园

主题，突出"鱼"的特色，因势谋景，借景造型，使自然美、建筑美与艺术美融为一体。山顶主要建筑是"览潮阁"，是三层的八角形建筑，高18米，与前海栈桥的回澜阁遥相呼应。在这里，可以饱览"蓝天、碧海、青山、绿树、红瓦、黄墙"的独特风貌，是国家批准公布的首批国家级风景名胜区、首批国家AAAA级风景名胜区青岛海滨风景区的重要组成部分。

3. 浮山

位于青岛市区的浮山，主峰海拔高度为384米。浮山九峰排列，峻峭秀拔，被誉为"浮山九点"。浮山的四季，有着不同的景致和况味。

春回大地,草木返绿,浮山成了绿色的海洋。秋天的浮山,退下绿色的锦袍,换上了红黄相间的秋装。深冬季节,水寒山瘦,浮山呈现出坚实的"脊梁"。浮山跨市南、市北、崂山三区,人们可以来到浮山顶峰,一览城市的美景,也可以远眺烟波浩渺的大海。

浮山

4. 第一海水浴场

青岛濒临黄海,洁净的海水、细软的沙滩形成了天然的海水浴场。汇泉湾的第一海水浴场、八大关的第二海水浴场、太平角东侧的第三海水浴场、石老人浴场以及黄岛的金沙滩浴场和银沙滩浴场,每年夏天都会吸引着全国各地的游客来此游泳、嬉戏,在大海的胸怀里感受着大自然赐与的那份惬意和舒适。

位于青岛市汇泉湾内的青岛第一海水浴场又称汇泉海水浴场,百年前,是当地渔民泊舟晒网之地,德占青岛后开辟成海水浴场,并逐渐成为东

第一海水浴场

亚有名的娱乐场所。海湾内水清波小、滩平坡缓、沙质细软,有着形成海水浴场的优越的自然条件,成了人们避暑消夏的极好去处,每年夏天都会有大量的游客来此游泳、休憩。

5. 第六海水浴场

第六海水浴场毗邻火车站,位于前海栈桥之西,又称"栈桥海水

第六海水浴场

浴场",是许多从未见过大海的人们初识海洋之处,在这里,很多人多年来对大海的想象终于呈现在眼前,激动、欢欣之情溢于言表。这里既有栈桥这样闻名的景点,也有现代风格的高楼大厦。风情不一的元素融合在一起,伴随着大海的弯曲曼妙,丰富着城市的想象,丰盈着青岛的格调。浴场虽不大,也可容纳上千游客戏水玩耍。夜间琴岛上的导航灯光影与浴场波光交相辉映,构成一幅美妙的夜景。

6.胶州湾海底隧道

大自然的鬼斧神工造就了青岛雄伟的山海美景,劳动人民的智慧与汗水使得天堑变通途,山脉被打通,海的两岸经海底隧道得以贯通。胶州湾海底隧道的开通,连接起了团岛和薛家岛;胶州湾大桥,连接了红岛和黄岛。

胶州湾海底隧道,是世界第三长的海底隧道,也是我国最长的海底隧道,2011 年 6 月 30 日

青岛胶州湾海底隧道

正式开通。隧道全长为 7.8 千米,海底部分为 3.95 千米。该隧道位于胶州湾湾口,连接团岛和薛家岛,双向 6 车道,可乘坐隧道 1、2、3、4、5、6、7、8 路公交,6 分钟即可从青岛老城区到达黄岛区。

7. 胶州湾大桥

一桥飞驾南北,天堑变通途,胶州湾大桥连通了红岛和黄岛。大桥全长为 41.58 千米,为世界第一跨海长桥。大桥为双向六车道,设计行车时速为 80 千米,桥梁宽为 35 米。 主桥长为 28

胶州湾大桥

千米,其中海上段长为 25 千米,是青兰高速(G22)的起点段。大桥将"青岛—红岛—黄岛"三岛有机地联系在一起。

8. 青岛港

青岛地区港口历史悠久,海港和航海活动的记载可追溯至春秋战国时期。 鸦片战争后,清政府在胶州建制设防,于 1892 年兴建青岛近代第一座人工码头——前海栈桥,并修建"衙门桥"。 两座码头的兴建,成为青岛建港的开端。1973 年,为适应国家建设及外贸需要,周恩来总理发出了"三年改变港口面貌"的号召,青岛港建设从此进入新时代。

青岛港

通过不断完善基础设施、引进信息技术、创新管理措施,青岛港呈现今日之蓬勃面貌。目前,青岛胶南董家口港区已正式启动。青岛港还将启动一座 30 万吨油码头的建设,力争将青岛港打造为中国沿海地区的"港口大鳄"。

今日之青岛,借助建设山东半岛蓝色经济区这一国家战略的东风,正加快产业结构调整,在新一轮机遇中重新出发。

青岛奥林匹克帆船中心

9. 帆船之都

蓝天碧海，白云背景下掠过的海鸥，碧波千里的海面，扬帆起航，破浪前行。青岛，这座美丽富饶的城市借着成功举办第 29 届奥林匹克运动会和第 13 届残疾人奥林匹克运动会的帆船比赛的势头，正在加快打造中国的"帆船之都"。

2008 年举办的奥帆赛，赛事水准得到了国内外的一致好评，奥林匹克帆船中心也被誉为"亚洲最好的奥运场馆"。青岛奥林匹克帆船中心即青岛国际帆船中心坐落于青岛市东部新区浮山湾畔，为北海船厂原址，毗邻五四广场和东海路，占地面积约 45 公顷，其中场馆区 30 公顷，赛后开发区 15 公顷。早在建设时，就紧紧围绕"绿色奥运、科技奥运、人文奥运"三大理念，按照"可持续发展、赛后充分利用和留下奥运文化遗产"的原则，进行了高起点规划、高水平设计、高标准建设。

奥帆基地也很注重环境景观规划，通过三条南北向轴线打造青岛又一新的标志性景点。西轴是海洋文化轴、中轴是欢庆文化轴、东轴是自然文化轴，组成了一个"川"字，以"欢舞·海纳百川"为主题，寓意开放的青岛以宽广的胸襟，向世界敞开大门。

三、海洋科技城

青岛可谓我国海洋科研与教育的"重镇"。黄海之畔的这片美丽富饶的土地上，集聚着中国海洋大学、中科院海洋研究所、国家海洋局一所、中国水产科学研究院黄海水产研究所、国土资源部青岛海洋地质研究所、青岛国家深潜基地等共 28 家海洋科研与教育机构，汇聚着占全国 30% 的高级海洋专业人才，涉海领域的两院院士占到了全国的 70% 左右。巨大的海洋科研优势使得大量的海洋科研成果在这里孕育诞生，并辐射全国。

1. 中国海洋大学

中国海洋大学是一所以海洋和水产学科为特色的教育部直属重点综合性大学，是国家"985 工程"和"211 工程"重点建设高校之一。

其前身是始建于 1924 年的私立青岛大学，几经变迁后，于 1988 年更名为青岛海洋大学，由邓小平同志题写校名；2002 年10 月经国家教育部批准更名为中国海洋大学。一批国内外知名专家、学者在校治学执教，其中也不乏两院院士的身影。

中国海洋大学

学校现有中国科学院院士 3 人、中国工程院院士 5 人，所培养的学生大多已走上了海洋科研与管理的岗位。截至目前，学校毕业生中有 10位已成为中国科学院或中国工程院院士，引领我国海洋科研的快速发展。学校拥有供教学、科研使用的 3500 吨级海上流动实验室"东方红2"号海洋综合调查船，为海洋科研教学的开展提供了平台。

2. 中国科学院海洋研究所

位于汇泉湾畔的中国科学院海洋研究所是我国从事海洋科学基础研究与应用基础研究、高新技术研发的综合性海洋科研机构，成立于 1950 年 8 月 1 日。现有科技人员 400 余人，高级研究与工程技术人员数量接近 200 人；有中国科学院院士5 人、中国工程院院士 2 人，博士生导师 118 人。成立后至今在海洋科研领域取得了突出成

中国科学院海洋研究所

就,获国家一等奖 6 项,国家二等奖 16 项,中国科学院和省部(委)重大成果奖、山东省最高科技奖、科技一等奖 129 项,全国科学大会奖 14 项,国际奖 6 项,在我国国家安全和海洋科学技术领域作出了大量的重大创新。

3. 国家海洋局第一海洋研究所

国家海洋局第一海洋研究所以促进海洋科技进步,为海洋资源环境管理、海洋国家安全和海洋经济发展服务为宗旨,是从事基础研究、应用基础研究和社会公益服务的综合性海洋研究所。前身是 1958 年建立的海军第四海洋研究所,1964 年整建制划归国家海洋局。现有高级研究人员近 300 名,拥有国际先进水平的海洋调查测量设备、实验测试设备和科研辅助设施。通

国家海洋局第一海洋研究所

过所承担的国家重大海洋专项等,取得了大量优秀科研成果,为我国发展海洋科学事业和海洋经济建设作出了突出贡献。

4. 中国水产科学研究院黄海水产研究所

黄海水产研究所

中国水产科学研究院黄海水产研究所是我国农业部所属的综合性海洋水产研究机构。前身是"农林部中央水产实验所",于 1947 年 1 月在上海建立后,1949 年 12 月迁至青岛,几经更名,于 1982 年改为现称。现有中国工程院院士 3 人,高级专业技术人员 119 人,有

3人被授予国家级有突出贡献专家，6人入选国家"百千万人才工程"。建所至今，该所紧紧围绕"海洋生物资源开发与可持续利用研究"这一中心任务，进行深入研究，取得了300多项国家和省部级重大科研成果，获得国家及省部级奖励100多项，为我国海洋渔业科学事业的发展和渔业经济建设作出了巨大贡献。

5. 青岛海洋地质研究所

青岛海洋地质研究所是隶属于国土资源部中国地质调查局的海洋地质专业调查研究机构，1964年始建于南京，1979年重建于青岛。

青岛海洋地质研究所

该所是以海洋区域地质调查研究为基础，以海洋矿产资源、海岸带及近海海域海洋环境地质调查研究为重点，以中国管辖海域为主要工作区的海洋地质科学研究单位。建有8个海洋地质学科研究室，1个部属重点实验室，2个局属研究中心，1个海洋工程地质勘察院，拥有"业治铮"号专业调查船1艘。建所至今已先后完成160余项各类调查和科研项目，其中78项获得国家、部级和省市级科技成果奖。

6. 青岛海洋科学与技术国家实验室

科研力量的汇集，相互间的交流碰撞，产生了难以估量的效应。这种效应还将随着青岛海洋科学与技术国家实验室的建成得到放大、增强，产生广泛而深刻的影响。中国海洋大

建设中的青岛海洋科学与技术国家实验室

学、中科院海洋研究所、国家海洋局一所、中国水产科学研究院黄海水产研究所、国土资源部青岛海洋地质研究所 5 家单位联合组建的青岛海洋科学与技术国家实验室将进一步汇聚青岛顶端海洋科研力量,通过所搭建的公共平台,在持续的深入交流与合作中,朝着建设海洋强国的目标阔步前进。

7. 青岛国家深潜基地

近年来,中国深海技术取得了较快发展,迫切需要建立一个平台以充分整合国内现有资源,提高重大深海技术装备的使用效率。经国务院审批,国家深潜基地正式落户青岛。作为中国第一个深潜基地,青岛国家深潜基地已经进入正式的项目设计阶段。2010 年 8 月 30 日,国家深潜基地在青岛即墨市正式征地开建。深潜基地的建设和载人潜水器的下潜是青岛、山东乃至

青岛国家深潜基地规划图

中国海洋界具有里程碑意义的重大事件,也将成为中国继载人航天之后又一振奋民心、扬我国威的大事。青岛作为中心城市,正向着"中国深海科技城"昂首迈进。